Dr. Michael Ortiz (Dipl.-Soz. Univ.) promovierte an der Universität Mannheim im Fachgebiet der vergleichenden Innovationssystemforschung. In seiner Forschungs- und Lehrtätigkeit an den Universitäten Mannheim und Oldenburg befasste er sich mit den thematischen Schwerpunkten Innovationsforschung, Innovationsmanagement, Wissens- und Technologietransfer, regionale Wissensökonomien, Wirtschafts- und Organisationssoziologie, Europäisierungsprozesse, vergleichende Makrosoziologie, sowie qualitativ-empirische Methoden. Seit Juli 2013 ist er als Projektleiter für Unternehmens- und Strategieberatung, wettbewerblichen Wissens- und Technologietransfer, Unternehmenskompetenzmessung, Unternehmensgründungen, Studien und Evaluierungen bei der Steinbeis Beratungszentren GmbH in Stuttgart tätig.

Katharina Maurer (B.Eng) absolvierte ihr Studium des Wirtschaftingenieurwesens an der Hochschule Heilbronn. Seit 2012 ist sie als Projektleiterin für die Steinbeis Beratungszentren GmbH in Stuttgart im Bereich der Betreuung und Begutachtung von Förderprogrammen (Energie- und Ressourceneffizienz) für Unternehmen und Landesbanken tätig. Zusätzlich arbeitet sie im Wissens- und Technologietransfer an der Schnittstelle Hochschule Wirtschaft (KMU). Praktische Erfahrung sammelte sie in der Automobil- und in der Maschinenbauindustrie. Gegenwärtig befasst sie sich intensiv mit dem Thema der ganzheitlichen Unternehmenskompetenzmessung.

Organisationale Fähigkeiten und ganzheitliche Kompetenzmessung

Der Steinbeis Unternehmens-Kompetenzcheck

Steinbeis-Stiftung (Hrsg.)
Michael Ortiz, Katharina Maurer

Impressum

© 2014 Steinbeis-Edition

Steinbeis-Stiftung (Hrsg.) | Michael Ortiz, Katharina Maurer

Organisationale Fähigkeiten und ganzheitliche Kompetenzmessung
Der Steinbeis Unternehmens-Kompetenzcheck

1. Auflage, 2014 | Steinbeis-Edition, Stuttgart
ISBN 978-3-95663-006-4

Satz: Steinbeis-Edition
Titelbild: ©iStockphoto.com/DrAfter123
Druck: e.kurz+co druck und medientechnik gmbh, Stuttgart

Steinbeis ist weltweit im unternehmerischen Wissens- und Technologietransfer aktiv. Zum Steinbeis-Verbund gehören derzeit rund 1.000 Unternehmen. Das Dienstleistungsportfolio der fachlich spezialisierten Steinbeis-Unternehmen im Verbund umfasst Forschung und Entwicklung, Beratung und Expertisen sowie Aus- und Weiterbildung für alle Technologie- und Managementfelder. Ihren Sitz haben die Steinbeis-Unternehmen überwiegend an Forschungseinrichtungen, insbesondere Hochschulen, die originäre Wissensquellen für Steinbeis darstellen. Rund 6.000 Experten tragen zum praxisnahen Transfer zwischen Wissenschaft und Wirtschaft bei. Dach des Steinbeis-Verbundes ist die 1971 ins Leben gerufene Steinbeis-Stiftung, die ihren Sitz in Stuttgart hat.

170770-2014-07 | www.steinbeis-edition.de

Vorwort

Liebe Leserinnen und Leser,

in der zweiten *Steinbeis Consulting Studie* stellen wir Ihnen Ergebnisse unseres aktuellen Projekts aus dem Bereich Unternehmenskompetenzen vor. Wir greifen hiermit ein Thema auf, das aktuell eine neue, tiefgehende und breite Dynamik im Bereich der Beratung und des Managements entwickelt und daher verstärkt im Rahmen des *Steinbeis Consulting Forums* behandelt wird. Ein Projektziel ist die Entwicklung eines Tools zur Erfassung und Analyse von Unternehmenskompetenzen, das ganzheitlich in seinem Ansatz, fundiert in seinen Methoden und einfach in der Anwendung ist und daher insbesondere in Beratungen eingesetzt werden kann. Aber auch Unternehmer können und sollen dieses Werkzeug für eine erste Unternehmensanalyse anwenden. Mit dem *Steinbeis Unternehmens-Kompetenzcheck* ist in den vergangenen Monaten im Rahmen einer *Steinbeis Consulting Group* ein solches Instrument entstanden, das diesen Kriterien entspricht.

Die vorliegende Studie diskutiert die wesentlichen Meilensteine des Projektes, die zentralen Elemente des konzeptionellen Ansatzes, sowie den methodischen Hintergrund des Steinbeis Unternehmens-Kompetenzchecks. Sie stellt darüber hinaus die Ergebnisse zweier Pretest-Phasen und einer aktuellen empirischen Studie mit dem Check vor, die erste Einblicke in die praktische Anwendung und Leistungsfähigkeit des Instruments geben. Der Steinbeis Unternehmens-Kompetenzcheck ist nicht nur ein Instrument, sondern insbesondere auch ein Prozess, zu dessen aktiven Gestaltung alle aktuellen und zukünftigen Steinbeiser im Rahmen verschiedener Consulting Groups eingeladen sind. Der diesjährige Steinbeis Consulting Tag, in dessen Vorfeld diese Studie erscheint, ist hierzu die nächste Gelegenheit.

Wir wünschen allen Leserinnen und Lesern spannende Einblicke und Erkenntnisse bei der Lektüre dieser Publikation.

Stuttgart, im Juni 2014

Michael Auer

August A. Musch

Inhaltsverzeichnis

Abbildungsverzeichnis

Tabellenverzeichnis

Abkürzungsverzeichnis

BK	Beziehungskapital
BMWI	Bundesministerium für Wirtschaft und Energie
ca.	circa
HK	Humankapital
i. e.	id est (das heißt)
INQA	Initiative Neue Qualität der Arbeit
k. A.	keine Angabe
KMU	Kleine und mittlere Unternehmen
KODE®	Kompetenz-Diagnostik und -Entwicklung
KODE®X	Kompetenz-Explorer
PIEFF	Produktinnovations-Erfolgsfaktorenforschung
SBZ	Steinbeis Beratungszentren GmbH
SK	Strukturkapital
UKC	Steinbeis Unternehmens-Kompetenzcheck
USP	Unique Selling Proposition

1 Unternehmenskompetenzen als Erfolgsfaktoren

Unternehmenskompetenzen werden in der Gegenwart verstärkt als Schlüssel zu Wettbewerbsfähigkeit und Unternehmenserfolg diskutiert (North et al. 2013; North 2011; Hardwig et al. 2011; Erpenbeck/von Rosenstiel 2007). Betriebswirtschaftslehre, Managementforschung und Unternehmenspsychologie haben in den vergangenen Jahren das Thema intensiv aufgegriffen, und auch in der unternehmerischen Praxis und bei den Unternehmensberatungen spielt dieses Thema eine zunehmend wichtige Rolle. Unternehmenskompetenz wird dabei zumeist gleichgesetzt mit personengebundener Kompetenz und wird vorwiegend aus der Human-Resources-Perspektive betrachtet.

Der Fokus bestehender Konzepte richtet sich somit meist allein auf den Faktor „Personal" und ermöglicht keine ganzheitliche Analyse von Unternehmenskompetenzen. Offen bleibt bei dieser Diskussion häufig auch die Frage nach der Erfassung dieser Kompetenzen. Zwar existiert eine Vielzahl von entsprechenden Konzepten und Instrumenten, doch fehlen bislang einheitliche inhaltliche und methodische Standards. Hinzu kommen meist nicht besonders benutzerfreundliche Instrumentarien, die eine standardmäßige Anwendung, Auswertung und Interpretation der Ergebnisse häufig erschweren.

Die Steinbeis Beratungszentren GmbH (SBZ) hat sich daher zum Ziel gesetzt, in einem ersten Schritt ein Instrument zum „Check" von Unternehmens-Kompetenzen zu entwickeln, das einfach in der Anwendung, fundiert in den Methoden und umfassend in der inhaltlichen Ausgestaltung ist.[1] Hiermit soll Anwendern innerhalb wie außerhalb des Steinbeis-Verbunds ein Analyseinstrument zur Verfügung gestellt werden, mit dem sie standardmäßig das Profil einer Unternehmenskompetenz ihrer Kunden erfassen und darstellen können, und das die weitergehende Untersuchung und Interpretation sowie Vergleiche und eine anschließende, problemlösende Beratung ermöglicht.

---

[1] Für den ersten Schritt wird bewusst der Begriff „Check" verwendet, da es zunächst „nur" um die qualitative Überprüfung von bestimmten Merkmalen geht. Das Instrument soll hierbei, wie darzustellen sein wird, ein Element einer umfassenderen Analyse sein.

Die SBZ ist überzeugt, dass dieses Ziel nur über ein an den aktuellen Debatten zur Unternehmenskompetenz und Managementlehre orientiertes und in der Praxis getestetes Konzept, eine softwaregestützte Anwendung, sowie eine automatisierte Auswertung und Darstellung der Ergebnisse zu erreichen sein wird. Darüber hinaus erachtet die SBZ das Anlegen einer Datenbank zur Ermöglichung konsekutiver Untersuchungen und Vergleiche im Zeitverlauf, sowie die Einordnung der Ergebnisse mithilfe von Benchmarks und eines definierten Analyseprozesses als zentrale Voraussetzungen in diesem Zusammenhang. Diese mit der Entwicklung eines eigenen Instruments zur Unternehmens-Kompetenzmessung verbundenen Projektziele sind in Abbildung 1 zusammengefasst.

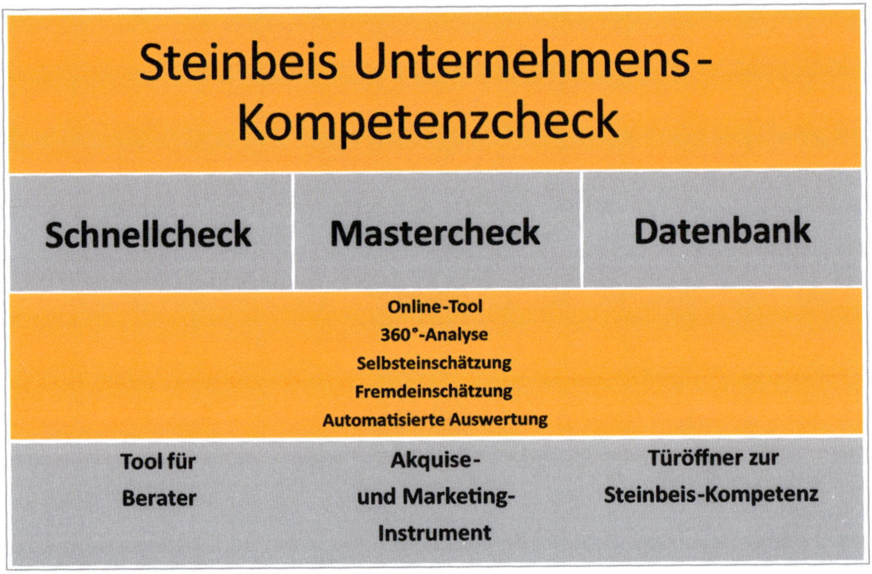

Abbildung 1: Steinbeis Unternehmens-Kompetenzcheck, Projektziele. Quelle: Eigene Darstellung.

2 Unternehmenskompetenzen ganzheitlich definieren

Der von uns zugrunde gelegte Kompetenzbegriff orientiert sich zunächst an der Kompetenzdefinition von North et al. (2013). Hiernach ist „Kompetenz [...] die erlernbare Fähigkeit, situationsadäquat zu handeln. Kompetenz beschreibt die Relation zwischen den an eine Person oder Gruppe herangetragenen oder selbst gestalteten Anforderungen und ihren Fähigkeiten bzw. Potenzialen, diesen Anforderungen gerecht zu werden [...]. Kompetenz ist ein in den Grundzügen eingespielter Ablauf zur Aktivierung, Bündelung und zum Einsatz von persönlichen Ressourcen für die erfolgreiche Bewältigung von anspruchsvollen und komplexen Situationen, Handlungen und Aufgaben. Kompetentes Handeln beruht auf der Mobilisierung von Wissen, von kognitiven und praktischen Fähigkeiten sowie sozialen Aspekten und Verhaltenskomponenten wie Haltungen, Gefühlen, Werten und Motivation [...]. Messbar und erlebbar ist nicht die Kompetenz selbst, sondern das Ergebnis kompetenten Handelns, die sogenannte Performanz" (North et al. 2013: 43). Kompetenzen lassen sich also, nach Erpenbeck/von Rosenstiel (2007a), kurz als *Selbstorganisationsdispositionen* beschreiben (Erpenbeck/von Rosenstiel 2007a: XIX; Erpenbeck 2004: 58; Meynhardt 2007: 299f.).

Der Kern unseres eigenen Ansatzes ist es, diese stark personengebundene Kompetenzdefinition zu einem ganzheitlichen und organisationalen Begriff von *Unternehmens*kompetenzen zu erweitern. Unternehmensspezifische Kompetenzen und Selbstorganisationsdispositionen sind demnach auch jenseits der personalen Ebene von Mitarbeitern und Management verortet, und zwar in allen Funktionsbereichen und Teilstrukturen des Unternehmens (Ortiz 2013, 2014; Erpenbeck 2004: 67f.; Meynhardt 2007: 302f.). Damit wird explizit auf die Debatten um den ressourcenbasierten Ansatz im Strategischen Management *(Resource Based View of the Firm)* (Wernerfeld 1994, 1995; Conner 1991; Collis 1991; Barney 1991; Peteraf 1993) und insbesondere um organisationale Fähigkeiten *(Organizational Capabilities)* Bezug genommen (Prahalad/Hamel 1990; Carlsson/Eliasson 1994; Thiele 1997; Pisano 2002; Hunt 2000)[2], bei der die gesamte Organisation bzw. einzelne organisationale Einheiten als Träger eigener

2   Siehe auch: Sanchez (2004); Freiling (2004a); Freiling et al. (2008); Barney (2007).

Fähigkeits- und Kompetenzprofile betrachtet werden. Diese organisationale Kompetenz, in diesem Fall Unternehmenskompetenz, stellt aus dieser Perspektive eine spezifische Kompetenzkonfiguration dar, die in ihrer Gesamtheit umfassender und leistungsfähiger, aber auch begrenzter und ineffizienter sein kann als die Summe der sie konstituierenden Einzelkompetenzen (Carlsson/Eliasson 1994: 697f.), und daher zum Gegenstand entsprechender Kompetenzanalysen werden soll und muss.

Organizational Capabilities lassen sich nach Grant (1996) zunächst definieren als „ability to perform repeatedly a productive task which relates either directly or indirectly to a firm's capacity for creating value through effecting the transformation of inputs into outputs" (Grant 1996: 377). Sie sind also *kollektive* Selbstorganisationsdispositionen (Erpenbeck 2004: 67). Entscheidend ist hierbei aber, dass organisationale Kompetenzen als in das Unternehmen *eingebettete* Ressourcen zu betrachten sind, die eng miteinander verknüpft und tief in den unternehmensinternen Beziehungen und Wissensbeständen verwurzelt sind, und die die verschiedenen Funktionsbereiche und Hierarchiestufen des Unternehmens umspannen (Grewal/Slotegraaf 2007: 452).

Zentral für die organisationale Dimension von Unternehmenskompetenzen ist die *Koordinierung* der einzelnen Kompetenzen auf der Ebene der Organisation und ihrer einzelnen Funktionsbereiche (Carlsson/Eliasson 1994: 700f.). Diese Koordinierung erzeugt einen *systemischen Effekt* in Bezug auf die Unternehmenskompetenzen. Sie bewirkt, dass die aggregierten Unternehmenskompetenzen höher oder geringer sein können als die Summe der einzelnen Teilkompetenzen – je nachdem, ob diese Koordinierung die Fähigkeiten der einzelnen Funktionsbereiche und Teilstrukturen des Unternehmens, im Zusammenspiel miteinander zu funktionieren, erhöht oder verringert. Dabei steht die Koordinierung von Unternehmenskompetenzen stets in Abhängigkeit von einer Funktion unternehmensinterner sowie auch -externer Institutionen und Regeln, die im Unternehmen aktiv gemanagt werden muss (Carlsson/Eliasson 1994: 701).

Diese spezifischen Unternehmenskompetenzen sind meist nur teilweise zu explizieren und zu formalisieren, und können daher auch nur teilweise kommuniziert und über die Organisationsgrenzen hinweg transferiert oder kopiert werden. Sie sind vielmehr gebunden an einzelne Personen oder Personengruppen, spezifische organisationale Kontexte und Strukturen, Organisationskulturen, das kollektive Gedächtnis und den Wissensbestand einer Organisation (Carlsson/ Eliasson 1994: 698; Maskell/Malmberg 1999; Polanyi 1985). Somit werden Unternehmenskompetenzen zu individuellen, werthaltigen, nicht-substituierbaren und schwer imitierbaren Differenzierungsfaktoren im Wettbewerb mit anderen Unternehmen, und prägen einen wesentlichen Anteil der Alleinstellungsmerkmale des Unternehmens.

Gleichzeitig gehen wir davon aus, dass die auf diese Weise ganzheitlich definierten Unternehmenskompetenzen nicht nur knappe, charakteristische und wettbewerbsrelevante (weil schwer zu replizierende) Ressourcen umfassen *(Ressource Based View)*, sondern auch spezifische und wettbewerbsrelevante *dynamische* Fähigkeiten *(Dynamic Capabilities)* (Teece/Pisano 1994; Teece et al. 1997; Pisano 2002; Eisenhardt/Martin 2000; Winter 2003; Teece 2007; Schreyögg/Kliesch-Eberl 2007)[3]. Nur aus der spezifischen Konfiguration von persönlichen und organisationalen, beständigen und dynamischen Ressourcen und Kompetenzen lässt sich aus unserer Sicht ein ganzheitliches Profil von Unternehmenskompetenzen ableiten.

Dabei ist der Einbezug der *Dynamic-Capabilities*-Perspektive deshalb von Bedeutung, da auch erklärt werden muss, wie Unternehmen unter *dynamischen* Marktbedingungen nachhaltige Wettbewerbsvorteile aufbauen, aufrecht erhalten und erweitern können. Insbesondere mit Bezug auf evolutionstheoretische Ansätze ist dabei zu fragen, auf welche Weise organisationale Wandlungsprozesse im Unternehmen strukturiert und gemanagt werden (Al-Laham 2003: 63; Nelson 2000; Nelson/Winter 1982). Vorherige Ressourcen- und Kompetenzbestände und Entscheidungen sowie aktuelle Umweltbedingungen beeinflussen hierbei die Anpassung von Kompetenzen und das entsprechende Kompetenzmanagement in der Gegenwart (Austerschulte 2014: 53f.). Damit stehen auch Unternehmenskompetenzen unter dem Primat der *Pfadabhängigkeit* und pfadkonforme sowie pfadabweichende Entwicklungen der Kompetenzverteilung im Unternehmen rücken in den Fokus einer fundierten Kompetenzanalyse.

---

3   Siehe auch: Augier/Teece (2007, 2009); Helfat/Peteraf (2009); Ambrosini/Bowman (2009).

3 Wettbewerbsanalyse

3.1 Modelle und Verfahren der Kompetenzanalyse

Von diesem ganzheitlichen Begriff ausgehend, stellt sich zunächst die Frage nach der „Messung" von Unternehmenskompetenzen. Hierbei ist festzuhalten, dass Unternehmenskompetenzen als kollektive Selbstorganisationsdispositionen stark *subjektzentriert* sind und daher nicht direkt, sondern nur indirekt aus der Realisierung dieser Dispositionen, sowie unter Berücksichtigung ihres jeweiligen strukturellen Rahmens empirisch erschließbar und evaluierbar sind. Wie Erpenbeck und von Rosenstiel (2007) zurecht anmerken, sind Kompetenzen darüber hinaus auch *theorierelativ,* i. e. sie bedürfen eines theoretischen Rahmens und spezifischer Kompetenzmodelle als Interpretationen dieser Theorien. „Erst Modelle als spezifische Interpretationen einer Theorie bilden die anschauliche Brücke zur empirischen Beobachtung. Ein sinnvolles reden, ein vernünftiges Messen von Kompetenzen setzt demnach ein taugliches Kompetenzmodell voraus, das empirische Voraussagen im Theorierahmen gestattet" (Erpenbeck/ von Rosenstiel 2007a: XX).

Hieraus folgt neben der Notwendigkeit der Entwicklung eines für den Untersuchungsgegenstand geeigneten Kompetenzmodells im Sinne eines „sensibilisierenden Konzeptes" (Flick 2007: 136; Mayer 2008: 31) auch die der Auswahl adäquater Messverfahren und -methoden. Eine theoretisch konsistente Konzeptionalisierung sowie die methodisch fundierte Messung und Analyse stellen daher für die SBZ zentrale Leitlinien bei der Entwicklung eines entsprechenden Analyseinstruments dar. Zu diesem Zweck sollen im Folgenden zunächst bereits auf dem Markt bestehende Instrumentarien und Analysekonzepte kurz diskutiert werden, um den eigenen konzeptionellen Ansatz besser in die Debatte einzuordnen und auch methodisch verorten zu können. Im Sinne einer „Wettbewerbsanalyse" soll hierbei auch aufgezeigt werden, welche derzeitigen Marktlücken mit dem Konzept adressiert werden können.

3.2 Wettbewerbssituation

Das Thema der Messung von Kompetenzen hat in den vergangenen Jahren stark an Bedeutung gewonnen. Eine Vielzahl unterschiedlicher Tools, Analysemodelle und Instrumentarien ist hierzu auf dem Markt verfügbar, und insbesondere Unternehmensberatungen bieten in ihrem Dienstleistungsportfolio häufig verschiedene Methoden und Vorgehensweisen zur Erfassung von Kompetenzen im Unternehmen an. Dabei lässt sich feststellen, dass diese Ansätze und Konzepte meist einen starken Schwerpunkt im Bereich der individuellen Kompetenzmessung und im Bereich Personal besitzen, für die ganzheitliche Betrachtung von Unternehmenskompetenzen als kollektiven und organisationalen Kompetenzen dagegen nur wenige Instrumente und Verfahren existieren. Steinbeis hat sich daher zum Ziel gesetzt, diesen Punkt mit Hilfe eines eigenen Konzeptes zu adressieren. Ein genauerer Blick auf die Wettbewerbsprodukte soll diese Notwendigkeit verdeutlichen.

Generell lassen sich die vorhandenen Tools zur Messung, Erfassung und Charakterisierung von Kompetenzen neben der Analyseeinheit anhand der methodischen Ausrichtung unterscheiden. Dabei können in Bezug auf die Kompetenzerfassung drei wesentliche methodische Schwerpunkte unterschieden werden (Erpenbeck 2013: 323ff.):

1. quantitative Verfahren (z. B. Kompetenztests, -ratings)

2. qualitative Verfahren (z. B. Kompetenzpass / -biographie)

3. hybride Verfahren

Während sich die *quantitativen Verfahren* hauptsächlich quantitativer Messmethoden der Pädagogik, der Psychologie und / oder der Sozialwissenschaften bedienen und versuchen, Kompetenzen als tatsächlich messbare naturwissenschaftliche Größen zu behandeln, konzentrieren sich die *qualitativen Verfahren* auf Methoden der modernen qualitativen Sozialforschung (u. a. Flick 2009; Lamnek 2010). Grundsätzlich spielen im Bereich der Kompetenzforschung beide, also sowohl die quantitativen, als auch die qualitativen Messmethoden, eine essentielle Rolle. Beide methodischen Grundrichtungen sind dabei nicht als völlig divergente Ansätze zu betrachten. Mit entsprechenden methodischen Einschränkungen ist es durchaus möglich, qualitative Erhebungen zu quantifizieren oder quantitative Untersuchungen qualitativ zu interpretieren. In zahlreichen Ansätzen werden daher auch quantitative und qualitative Methoden im Sinne einer methodischen *Triangulation* (Flick 2011) miteinander verbunden, so dass hier von *hybriden Verfahren* gesprochen werden kann, die einen eigenen Typus der Kompetenzerfassung darstellen (Erpenbeck/von Rosenstiel 2007a: XXVI ff.).

Neben der Einteilung nach der methodischen Ausrichtung können Instrumente zur Messung von Kompetenzen anhand weiterer spezifischer Merkmale differenziert werden. So können die einzelnen Verfahren z. B. objektiv oder subjektiv, strukturiert oder unstrukturiert, nicht-, halb- oder unstandardisiert beziehungsweise kulturgebunden oder kulturfrei sein (Erpenbeck/von Rosenstiel 2007a: XXVIII).

Abbildung 2 zeigt einen exemplarischen Überblick über verschiedene Instrumente zur Kompetenzmessung. Die Beispiele der ersten Kategorie, die „übergreifenden Kompetenzgitter", integrieren mehrere Verfahren, oder stellen einen konzeptionellen Rahmen für diese Integration bereit und werden bereits kommerziell genutzt. Die zweite Kategorie der „Kompetenzbilanzen" umfasst Instrumente, die ebenfalls mehrere Messverfahren aggregieren, aber einen stärkeren Unternehmensfokus besitzen. Innerhalb der Kategorie „kommerzielle Anbieter" werden schließlich zwei Beispiele aufgeführt, die intensiv kommerziell genutzt werden und deren Fokus daher auf der Nutzerfreundlichkeit liegt (Erpenbeck/von Rosenstiel 2007a: XLII). Diese Zusammenstellung erhebt keinesfalls Anspruch auf eine vollständige Darstellung existierender Ansätze und Verfahren zur Kompetenzmessung, sie soll lediglich eine beispielhafte Übersicht bieten. Eine ausführlichere Darstellung über existierende Ansätze geben Erpenbeck/von Rosenstiel (2007a: XLIII).

Übergreifende Kompetenzgitter	Kompetenzbilanzen	Kommerzielle Anbieter
• KODE® – *Kompetenz-Diagnostik und -Entwicklung* • KODE® · X – *Kompetenz -Explorer*	• **Die Wissensbilanz** – *Instrument zur strukturierten Darstellung und Entwicklung des intellektuellen Kapitals eines Unternehmens* •**INQA (Initiative neue Qualität der Arbeit) – Unternehmenscheck „Guter Mittelstand"** – *Analyse der Arbeits- und Organisationsgestaltung*	• **Unternehmens -Vital-Check** – *Analysetool zur prägnanten und punktgenauen Untersuchung der aktuellen Befindlichkeit eines Unternehmens*

Abbildung 2: Exemplarische Übersicht über verschiedene Instrumente zur Kompetenzmessung. Quelle: Eigene Darstellung in Anlehnung an Erpenbeck/von Rosenstiel (2007a: XLIII).

Die dargestellten Methoden sollen im Folgenden näher untersucht und erläutert werden, beginnend mit den übergreifenden Kompetenzgittern der Ansätze KODE® und KODE®X. Diese beiden Ansätze werden auch im Steinbeis-Verbund regelmäßig angewendet, und einige Elemente des Verfahrens sind auch in die Entwicklung des Steinbeis Unternehmens-Kompetenzchecks eingeflossen. Neben inhaltlichen, konzeptionellen und methodischen Aspekten begründet auch dies die Auswahl der beiden Ansätze für die nähere Untersuchung, soll aber keinerlei Wertung darstellen.

3.2.1 KODE®

KODE® ist die Abkürzung für Kompetenz-Diagnostik und -Entwicklung und bezeichnet ein Verfahrenssystem mit unterschiedlichen Kompetenzermittlungs- und Entwicklertools. Dieses, Mitte der 90er Jahre von John Erpenbeck, Volker Heyse und Horst Max entwickelte Verfahren, zielt auf die direkte Messung von individuellen Kompetenzen ab (Heyse et al. 2004; Heyse 2007; Erpenbeck 2007). Beide Verfahren basieren dabei auf der Definition von Kompetenzen als individuellen Selbstorganisationsdispositionen menschlichen Handelns. Somit lassen sich Kompetenzen nur rückwirkend aus der konkreten Anwendung des Wissens, der Qualifikation und der Fertigkeiten eines Individuums erfassen. Erfassen lässt sich folglich nicht die Kompetenz an sich, sondern die *Performanz* einer Person bei der Lösung von neuen oder unvorhergesehenen Aufgaben und Anforderungen (Erpenbeck 2007: 489ff.).

Das Ziel von KODE® ist die Identifikation des individuellen Kompetenzprofils der Untersuchungsperson. Im Vordergrund steht die Ermittlung des Ausprägungsverhältnisses der personalen Grundkompetenzen. Diese Grundkompetenzen (personale, aktivitätsbezogene, fachlich-methodische, sozial-kommunikative Kompetenzen) werden zum einen unter „normalen" Bedingungen und zum anderen unter erschwerten, belastenden Bedingungen analysiert. Die Einschätzung der einzelnen Dimensionen kann dabei sowohl als Selbst- als auch als Fremdeinschätzung vorgenommen werden. Somit lässt sich neben der Bestimmung von stark ausgeprägten und wenig stark ausgeprägten, eventuell zu fördernden Kompetenzen, auch die Belastbarkeit der einzelnen Kompetenzen unter erschwerten Bedingungen ermitteln (Erpenbeck 2007: 490).

Methodisch lässt sich KODE® als standardisiertes, „objektivierendes Einschätzungsverfahren" beschreiben. Insgesamt müssen von den Untersuchungspersonen 120 standardisierte Fragen beantwortet werden. Zur Auswertung der Ergebnisse werden diese quantifiziert und anhand eines standardisierten Rasters ausgewertet. Neben der Möglichkeit der Selbst- und Fremdeinschätzung liefert die Auswertung des KODE®-Tests zusätzlich zum Kompetenzprofil Interpretationsvorschläge sowie Maßnahmen zur Kompetenzförderung (Erpenbeck 2007: 490ff.).

3.2.2   KODE®X

Bei KODE®X – dem Kompetenz-Explorer – handelt es sich um eine Weiterentwicklung des zuvor beschriebenen KODE®-Verfahrens. Neben der reinen Diagnose und der Interpretation von Kompetenzprofilen, sowie Vorschlägen für Maßnahmen zur Kompetenzförderung geht es bei KODE®X um einen Soll-Ist-Vergleich von organisationsspezifischen Kompetenzanforderungen und personenspezifischen Kompetenzpotentialen (Heyse 2007: 504f.).

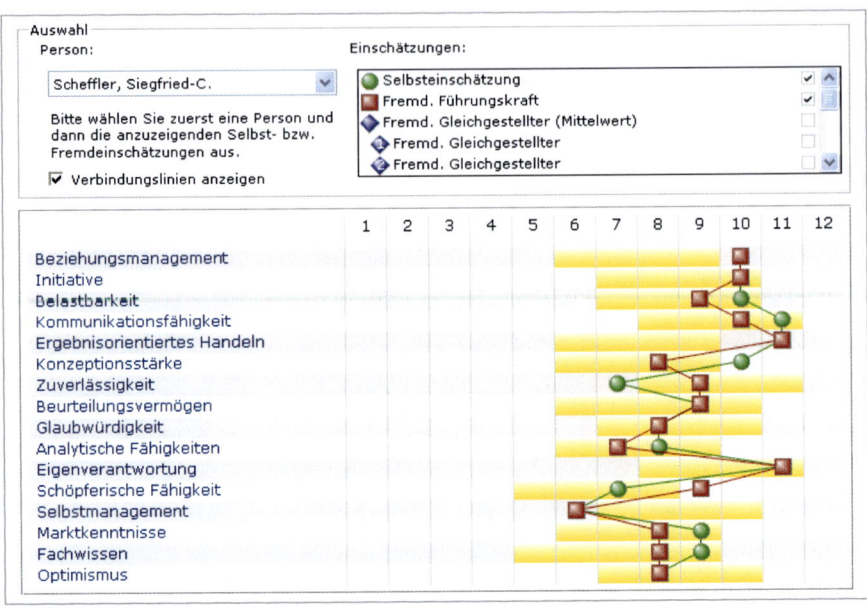

Abbildung 3: Beispielhafte Auswertung eines KODE®X-Test. Quelle: Competenzia (2014).

Um dieses Ziel zu erreichen, werden bei KODE®X zunächst in einem Strategie-
workshop mithilfe der Geschäftsführung strategiebezogene, unternehmensspezifische Kompetenzanforderungen für die Mitarbeiter erarbeitet, sowie, nach
weiterer Präzisierung, tätigkeitsspezifische Kompetenzanforderungsprofile
erstellt. Anschließend erfolgt die Diagnose des personenspezifischen Kompetenzprofils. Diese Einschätzung kann dabei sowohl als Selbst- oder als Fremdeinschätzung mehrerer Personen erfolgen. Im Ergebnis liefert KODE®X einen
Soll-Ist-Vergleich zwischen den strategischen und tätigkeitsspezifischen Kompetenzanforderungen des Unternehmens, sowie des Kompetenzprofils der eingeschätzten Person. Zusätzlich ist eine vergleichende Darstellung zwischen der
Selbst- und der Fremdeinschätzung möglich (Heyse 2007: 504f.). Abbildung 3
zeigt eine beispielhafte Auswertung eines KODE®X-Tests. Dabei stellen die gel-
ben Balken die Kompetenzanforderungen des Unternehmens, die grünen Punkte die Ergebnisse der Selbsteinschätzung und die roten Quadrate die der Fremdeinschätzung dar.

Die Unterscheidung von Selbst- vs. Fremdeinschätzung, die automatisierte Generierung einer Auswertung sowie von Handlungsempfehlungen bei den Ansätzen KODE® und KODE®X sind wesentliche konzeptionelle Bausteine dieser Tools,
die auch im Steinbeis Unternehmens-Kompetenzcheck (UKC) angewendet werden sollen. Der Fokus dieser Ansätze liegt dabei vorwiegend auf der Analyseeinheit des Individuums bzw. des Personals, und ermöglicht somit keine Analyse
der über die individuelle Ebene hinausgehenden *kollektiven* Selbstorganisationsdispositionen. Im Folgenden sollen daher weitere Ansätze zur Erfassung,
Charakterisierung und Messung von Kompetenzen, die sich stärker auf die Analyseeinheit des gesamten Unternehmens konzentrieren, vorgestellt und auf ihre
Unterschiede im Vergleich zu dem neu entwickelten UKC untersucht werden.

3.2.3   Wissensbilanz – Made in Germany

Zur Gruppe der Kompetenzbilanzen zählt die *Wissensbilanz – Made in Germany,*
die im Folgenden kurz diskutiert werden soll. Hierbei handelt es sich um ein
Projekt im Rahmen der Initiative „Fit für den Wissenswettbewerb" des Bundes-
ministeriums für Wirtschaft und Energie (BMWI). Ziel dieser Initiative ist es, das
Thema Wissensmanagement nachhaltig in den deutschen Mittelstand zu transferieren und zu integrieren (BMWI 2008).

Die Wissensbilanz – Made in Germany soll es kleinen und mittelständischen Unternehmen erlauben, die Entwicklung ihres intellektuellen Kapitals strukturiert
darzustellen. Darüber hinaus zeigt die Wissensbilanz Zusammenhänge zwischen
dem intellektuellen Kapital, den organisatorischen Zielen, den internen Ge-
schäftsprozessen und dem Erfolg des Unternehmens auf. Somit dient das Instrument der Schaffung von Transparenz bezüglich der Stärken und Schwächen des
intellektuellen Kapitals eines Unternehmens, sowie gleichzeitig zur Ableitung
effizienter Maßnahmen zu dessen Weiterentwicklung. Intellektuelles Kapital
wird in diesem Zusammenhang als immaterielles Vermögen des Unternehmens
verstanden, über das in den Unternehmen nur wenige, beziehungsweise keine
verlässlichen Daten zur Verfügung stehen. Beispiele hierfür sind das Wissen, die
Erfahrung und die Kreativität der Mitarbeiter, das geistige Eigentum, effiziente

Prozesse oder die Beziehungen zu Kunden und Partnern (Alwert et al. 2013; auch Kale et al. 2000; Collins/Hitt 2006).

Um die genannten Ziele zu erreichen, beinhaltet das Konzept insgesamt acht Schritte, die mithilfe der kostenlosen Software *„Toolbox"* vom Unternehmen selbständig durchgeführt werden. Zunächst wird hierbei das Geschäftsmodell des Unternehmens sowie dessen Ausgangssituation beschrieben. Anschließend erfolgt die Definition des intellektuellen Kapitals des Unternehmens. Erst dann beginnt die eigentliche Analyse mit der Bewertung und Messung des intellektuellen Kapitals sowie der Erfassung der Wirkungszusammenhänge. Der sechste Schritt befasst sich mit der Auswertung und der Interpretation der Analyseergebnisse, aus der schließlich entsprechende Maßnahmen abgeleitet werden und, im achten und letzten Schritt, abschließend die Wissensbilanz erstellt wird (Abbildung 4; Alwert et al. 2013).

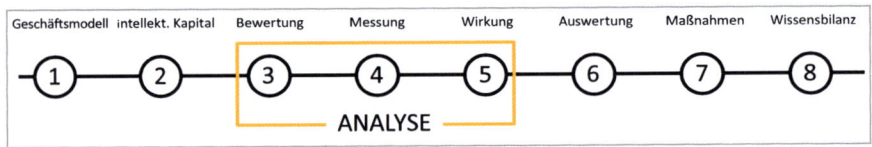

Abbildung 4: Schritte zur Erstellung einer Wissensbilanz – Made in Germany.
Quelle: Eigene Darstellung in Anlehnung an Alwert et al. (2013).

Die einzelnen Schritte des Instruments können an dieser Stelle nur grob umrissen werden. Eine genaue Beschreibung liefert der vom BMWI veröffentlichte Leitfaden 2.0 zur Erstellung einer Wissensbilanz (Alwert et al. 2013). Demnach werden zur Beschreibung des Geschäftsmodells sowie der Ausgangssituation die Elemente *Bilanzierungsbereich, Geschäftsumfeld, Vision, Strategie, Geschäftserfolge* und *Geschäftsprozesse* herangezogen. Bei der Definition des intellektuellen Kapitals im zweiten Schritt werden die drei Kategorien *Humankapital* (HK), *Strukturkapital* (SK) und *Beziehungskapital* (BK) unterschieden. Tabelle 1 gibt einen Überblick über diese Standard-Einflussfaktoren zur Definition des intellektuellen Kapitals.

Humankapital	Strukturkapital	Beziehungskapital
Fachkompetenz	Kooperation und Wissenstransfer	Kundenbeziehungen
Soziale Kompetenz	IT und dokumentiertes Wissen	Öffentlichkeitsarbeit
Mitarbeitermotivation	Produkt- / Prozess- / Verfahrensinnovation	Beziehungen zu Kooperationspartnern
Führungskompetenz	Führungsintrumente	Lieferantenbeziehungen
	Unternehmenskultur	Beziehungen zu Kapitalgebern, Investoren

Tabelle 1: Standard-Einflussfaktoren Wissensbilanz.
Quelle: Eigene Darstellung in Anlehnung an Alwert et al. (2013): 20.

Neben diesem ausführlichen Vorgehen zur Erstellung einer Wissensbilanz bietet der Arbeitskreis Wissensbilanz des BMWI auch einen einfachen „Wissensbilanz-*Schnelltest*" an. Dieses online-basierte Selbstanalysetool soll es Unternehmen ermöglichen, sich innerhalb von etwa zehn Minuten einen Überblick über die Bereiche HK, SK und BK zu verschaffen. Innerhalb dieser zehn Minuten sind von der teilnehmenden Person 14 Fragen zu beantworten, wobei es u. a. um die Ausprägung der Unternehmensfaktoren geht, die in Tabelle 1 dargestellt sind (Tabelle 1; Wissensbilanz 2014; Alwert et al. 2013: 20).

Der Schnelltest endet mit einer etwa einseitigen Auswertung plus Schaubildern, die neben einer kurzen Beschreibung des Geschäftsmodells auch einen Über-blick über den durchschnittlichen Einfluss des intellektuellen Kapitals sowie der klassischen Produktionsfaktoren auf den Geschäftserfolg enthält, und auch die diesbezüglichen Stärken und Schwächen aufzeigt (Wissensbilanz 2014).

Zusätzlich zu diesen beiden Tools bietet das *Fraunhofer-Institut für Produktions-anlagen und Konstruktionstechnik* ein Wissensbilanz-Benchmarking an, das es erlaubt, Wissensbilanzen vergleichbar zu machen. Dies soll Unternehmen da-bei helfen, ihr eigenes intellektuelles Kapital, sowie die Maßnahmen zu dessen Weiterentwicklung mit anderen Unternehmen zu vergleichen. Neben dem Ver-gleich mit einzelnen Unternehmen gibt es auch die Möglichkeit, sich mit bran-chenspezifischen Durchschnittswerten zu vergleichen.

Zusammenfassend stellt die Wissensbilanz ein Tool dar, das einen starken thematischen Fokus im Bereich Wissen, insbesondere dem Wissenskapital, vorweist. Ein expliziter Kompetenzbegriff wird hierbei nicht zugrunde gelegt, kann aber aufgrund der Zielsetzung implizit angenommen werden. Das Tool führt eine breite Analyse über verschiedene Dimensionen der betrieblichen Aktivitäten durch, wobei produktions- und strukturbezogene Aspekte eher nachrangig betrachtet werden. Dabei werden qualitative Indikatoren über quantitative Kennzahlen ergänzt, was positiv hervorzuheben ist. Die Analyse erfolgt softwaregestützt, allerdings sind an verschiedenen Verfahrensschritten manuelle Eingriffe notwendig. Die Auswertung und der Ergebnisbericht erscheinen zu verkürzt, um sie im Bereich der Unternehmensberatung bereits direkt verwenden zu können. Die Erstellung einer Datenbank sowie die damit ermöglichten Benchmark-Analysen und Branchenvergleiche sprechen eine wichtige Nachfrage bei den Unternehmen an.

3.2.4   INQA-Unternehmenscheck „Guter Mittelstand"

Ebenfalls zur Gruppe der Kompetenzbilanzen zählt der von der „Offensive Mittelstand – Gut für Deutschland" entwickelte INQA-Unternehmenscheck, der auf Erkenntnissen der Praxis und dem aktuellen Forschungstand im Bereich der Organisations- und Arbeitsgestaltung basiert. Ziel des Checks ist es, Unternehmen ihre Stärken und Verbesserungspotentiale in Hinblick auf die Organisations- und Arbeitsgestaltung im sich immer weiter verschärfenden Wettbewerb um Fachkräfte aufzuzeigen (Offensive Mittelstand 2012a).

Die Analyse der Unternehmen erfolgt mittels eines online-basierten Tests, den die teilnehmenden Personen selbständig ausfüllen. Im Rahmen des Tests werden elf verschiedene Elemente abgefragt, die den unternehmerischen Gesamtprozess abbilden sollen und sich am Wertschöpfungsprozess der Unternehmen orientieren. Die einzelnen Elemente des Checks sind in Abbildung 5 dargestellt. Hinter jedem der elf Elemente befinden sich jeweils zwischen vier und sechs Thesen, welche von der Testperson mithilfe einer dreistufigen Skala zu bewerten sind. Zum Ausfüllen des Checks werden ungefähr 60 bis 90 Minuten benötigt, wobei der Teilnehmer nach Abschluss des Checks eine Übersicht seiner Antworten erhält. Anschließend werden von dem teilnehmenden Unternehmen selbst Maßnahmen in Bezug auf die Elemente mit dringendem Handlungsbedarf erarbeitet und dokumentiert. Um dieses Vorgehen zu erleichtern, wird den Unternehmen ein Handbuch, das konkret auf deren Handlungsbedarf zugeschnitten ist, zur Verfügung gestellt (Offensive Mittelstand 2012b).

Abbildung 5: Check-Bausteine INQA-Unternehmenscheck „Guter Mittelstand".
Quelle: Eigene Darstellung nach Offensive Mittelstand – Gut für Deutschland (2014c).

Dieses Tool zur Analyse des Handlungsbedarfs im Bereich der Arbeits- und Organisationsgestaltung ist methodisch gesehen, ebenso wie KODE®, KODE®X oder auch der neu entwickelte UKC, ein objektivierendes Einschätzungsverfahren, das anhand eines standardisierten Fragebogens durchgeführt wird. Im Gegensatz zu den drei vorgenannten Ansätzen liefert es als Auswertung jedoch nur die statistische Verteilung der drei unterschiedlichen Antwortausprägungen auf die verschiedenen Kategorien. Dem Unternehmen werden keine automatisierten Interpretationsvorschläge und auch keine zusammenfassenden (graphischen) Auswertungen der Ergebnisse zur Verfügung gestellt.

Inhaltlich zielt dieses Tool hauptsächlich auf die Identifikation von Potentialen ab, die es dem Unternehmen erlauben, Fachkräfte langfristig zu motivieren, an das Unternehmen zu binden und eine Kultur der Wertschätzung und des Vertrauens im Unternehmen zu etablieren, die als wesentliche Vorbedingung für Engagement, Innovation und Kreativität betrachtet werden (Offensive Mittelstand 2012b). Somit zeichnet sich dieses Tool durch eine starke thematische Fokussierung aus, erlaubt andererseits aber keine umfassende und ganzheitliche Analyse von Unternehmenskompetenzen, so wie es für den UKC vorgesehen ist.

3.2.5   Unternehmens-Vital-Check

Zur Gruppe der kommerziellen Instrumente der Kompetenzmessung zählt schließlich der von Kurt Nagel und Matthias Allgeyer entwickelte Unternehmens-Vital-Check, bei dem es sich um ein Analysetool handelt, mit dessen Hilfe einfach, schnell und unkompliziert ein verständliches Bild über die aktuelle Leistungssituation eines Unternehmens erzeugt werden soll (Nagel/Allgeyer 2011).

Für die Analyse müssen von der teilnehmenden Person, entweder anhand eines interaktiven PDF-Dokuments, oder anhand eines online-basierten Fragebogens, insgesamt zwölf Fragen mit Hilfe einer dreistufigen Skala beantwortet werden. Die zwölf zu beantworteten Fragen teilen sich in vier Bausteine auf, die nach Ansicht der Entwickler die zentralen Faktoren für den Erfolg eines Unternehmens darstellen. Bei den Bausteinen handelt es sich um die Themengebiete „Persönlichkeit", „Strategie", „Finanzen" und die Kategorie „Innovation". Zu jeder dieser drei Kategorien werden drei standardisierte Fragen gestellt, die von der teilnehmenden Person anhand der dreistufigen Skala objektivierend eingeschätzt werden müssen. Somit erhält dieses Tool einen qualitativen Charakter. Für die Auswertung des Tests werden den drei Kategorien Zahlenwerte zugeordnet. Durch die Zuordnung der Zahlenwerte „1" (stimme zu), „0" (neutral) und „-1" (stimme nicht zu) kann das Ergebnis quantitativ ausgewertet werden, so dass von einer gewissen Quantifizierung der abgefragten qualitativen Information auf maximal ordinalem Skalenniveau (Ortiz 2013: 130) gesprochen werden kann. Der Teilnehmer erhält als Ergebnis ein Schaubild (Abbildung 6), welches den Vitalitätsgrad des untersuchten Unternehmens verdeutlicht. Bei dieser Darstellung weisen sowohl die Größe der Fläche, als auch die Ausgeglichenheit auf die Vitalität des untersuchten Unternehmens hin. Je größer die Fläche des Vierecks und je ausgeglichener die einzelnen Seiten sind, desto besser ist das Unternehmen zum Zeitpunkt der Untersuchung aufgestellt (Nagel/Allgeyer 2011: 9ff.).

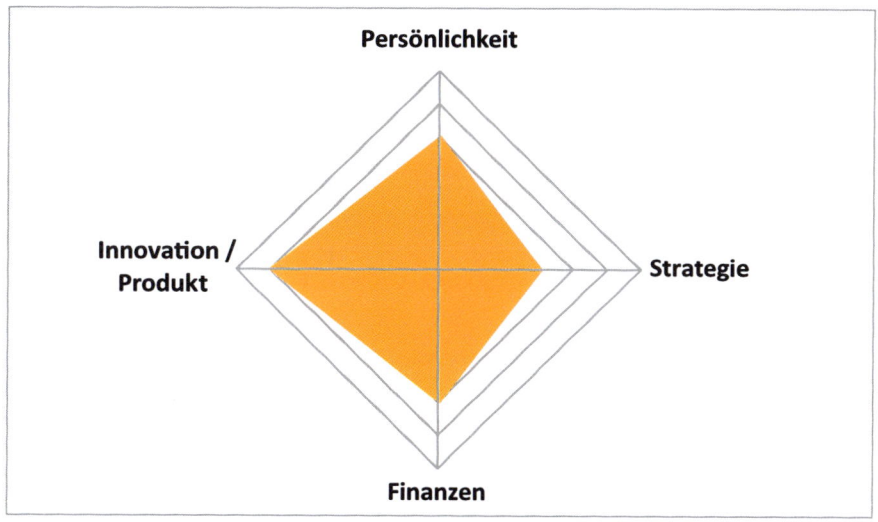

Abbildung 6: Beispielhafte Auswertung Unternehmens-Vital-Check.
Quelle: Eigene Darstellung in Anlehnung an Nagel/Allgeyer (2011).

Neben der graphischen Auswertung generiert der Unternehmens-Vital-Check zu jeder Antwort eine Handlungsempfehlung. Diese Handlungsempfehlungen werden mithilfe von weiterführenden Thesen zu dem jeweiligen Untersuchungsgebiet vertiefend hinterfragt und spezifiziert. Diese Spezifizierung dient schließlich als Basis zur weiteren Konkretisierung der Empfehlungen (Nagel/Allgeyer 2011: 13). Darüber hinaus wird das über die Anwendungsjahre hinweg generierte Datenmaterial zur Durchführung von Betriebs- und Branchenvergleichen herangezogen.

Der Ansatz des Vital-Checks ähnelt der Herangehensweise des Steinbeis UKC in einigen Punkten, weist jedoch auch deutliche Unterschiede auf. Die Gemeinsamkeiten bestehen in der methodischen Herangehensweise. Beide Tools führen die Analyse anhand eines qualitativen, standardisierten Fragebogens durch, dessen Antworten für die Auswertung mithilfe der Zuordnung von Zahlenwerten quantifiziert werden. Auch haben beide Ansätze die graphische Darstellung der Ergebnisse in einem Netzdiagramm gemeinsam. Eine weitere Analogie stellt das Angebot von Betriebs- und Branchenvergleichen anhand einer Datenbank dar. Auch mit dem Steinbeis-Tool sollen diese Vergleiche zukünftig möglich sein.

Unterschiede zeigen sich zum einen in dem Detaillierungsgrad der Fragen. Innerhalb des Unternehmens-Vital-Checks beruht die Ersteinschätzung auf vier Bausteinen mit jeweils drei, also insgesamt zwölf Fragen. Der UKC untersucht hingegen vier Kompetenzebenen mit jeweils zwei Dimensionen zu denen jeweils drei Unterdimensionen gehören. Mit durchschnittlich drei Fragen pro Unterdimension umfasst der Schnell-Check somit ca. 75 Fragen, die eine differenzierte Analyse des Unternehmens erlauben. Zusätzlich liefert das Steinbeis-Tool in der Schnell-Check-Version nach der Durchführung einen circa zehn Seiten langen Auswertungsbericht, der die Ergebnisse in schriftlicher Form darstellt.

3.3 Rückschlüsse für die Konzeptentwicklung

Zusammenfassend offenbart die vorstehende Analyse der ausgewählten Konzepte zur Kompetenzmessung beides: Gute Lösungen, die als Anregung für das eigene Konzept aufgenommen werden sollten, aber auch Herausforderungen, die im eigenen Konzept anders gelöst oder aber neu entwickelt werden sollten.

So ist bei der Konzeptentwicklung sicher auf methodische Konsistenz, einen qualitativen Analyseschwerpunkt – ergänzt durch quantitative Kennzahlen – sowie softwarebasierte Untersuchungsabläufe und Auswertungen zu achten. Inhaltlich sollte der Fokus zum Zweck einer ganzheitlichen Erfassung von Unternehmenskompetenzen umfassend gewählt werden und eine zu starke Berücksichtigung der (zweifelsohne wichtigen) Dimensionen Personal und / oder Wissen zugunsten weiterer Funktionsbereiche vermeiden. Das Ziel sollte eine ganzheitliche, konsistente und kohärente Analyse nach betriebswirtschaftlichen Funktionsbereichen und betrieblichen Strukturen sein. In Hinblick auf die Anwendung in der Beratung, insbesondere im Bereich der KMU, ist darauf zu achten, dass Ergebnisse und Auswertungen im Beratungsprozess ohne größe-

ren Mehraufwand verwertbar sind, womit die Erfordernis einer automatisierten Auswertung deutlich wird. Als sinnvoll ist auch die Anlage einer Datenbank
zum Zwecke des Benchmarkings bzw. Branchenvergleichs anzusehen. Insgesamt
lässt sich hieraus ein bestehender Bedarf nach einem alternativen Instrument
ableiten, das die benannten Elemente in sich vereint und für die skizzierten Herausforderungen neue bzw. andere Lösungen findet, als die vorstehend diskutierten Ansätze.

4 Vom Business-Check zur Kompetenzanalyse – Der aktuelle Stand des Projekts

Von diesem Befund und dem unzureichenden Angebot an Instrumenten zur ganzheitlichen Unternehmens-Kompetenzanalyse ausgehend, hat die SBZ mit der konzeptionellen Arbeit am Steinbeis Unternehmens-Kompetenzcheck im Jahr 2013 begonnen. Der Entwicklungsprozess dieses Steinbeis-Tools, sowie seine inhaltlichen und methodischen Grundlagen, sollen im Folgenden dargestellt werden.

4.1 Konzeptstufe I

Bei der Konzeptentwicklung wurde der Ansatz des „Business-Checks" von Werner Bornholdt (2004) als Grundlage verwendet (Abbildung 7). Dieses Konzept, das von einer Philosophie der ganzheitlichen Analyse der Kompetenzstruktur von Unternehmen ausgeht, und als eine erweiterte Spielart der *balanced scorecard* (Kaplan/Norton 1992) gesehen werden kann, richtet einen breiten Fokus auf die verschiedenen Dimensionen und Qualitäten der Kompetenzen im Unternehmen (Bornholdt 2004: 15; 161ff.; Musch 2002: 3ff.). In Einklang mit der oben vorgestellten Definition des Unternehmenskompetenz-Begriffs geht dieses Konzept von der zentralen Bedeutung subjektiver Einschätzungen bei der Messung und Bewertung von Unternehmenskompetenzen aus (Bornholdt 2004: 41ff.), weshalb die SBZ ein konsequent qualitatives methodisches Vorgehen bei der Untersuchung des komplexen Gegenstands der Kompetenzen im Unternehmen als angemessen und sinnvoll erachtet.

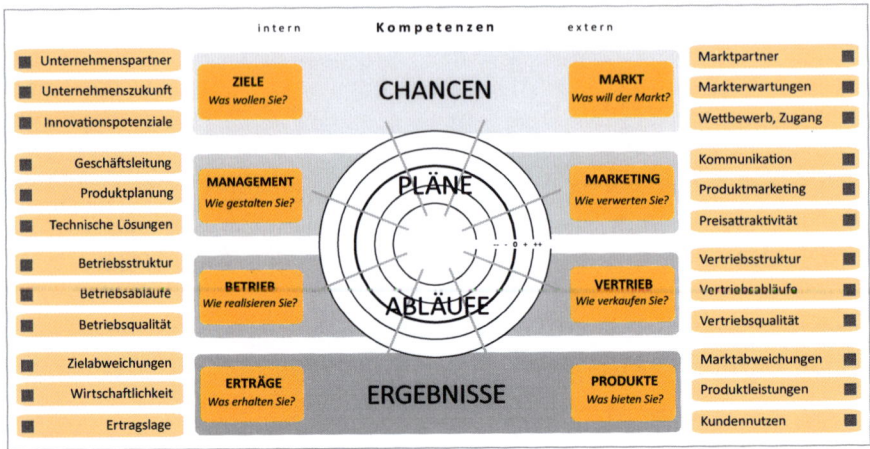

Abbildung 7: Business-Check von Bornholdt, Konzeptübersicht.
Quelle: Darstellung nach Bornholdt (2004): 99.

4.2 Konzeptstufe II

Folglich sind in einem ersten Arbeitsschritt alle rein quantitativen Indikatoren aus dem Konzept heraus sortiert und in einem, dem „Haupt-Check" vorgelagerten, quantitativen „Fakten-Check" zusammengefasst worden. Zusammen mit neu hinzugefügten quantitativen Indikatoren, Kenngrößen und Kennzahlen soll dieser Fakten-Check dem Anwender ein kurzes quantitatives Profil des zu untersuchenden Unternehmens zur Verfügung stellen, das bei der Einordnung der Ergebnisse hilfreich sein kann. Die nun im Haupt-Check fehlenden Indikatoren und Untersuchungsdimensionen sind durch neue, qualitative Indikatoren und Dimensionen ersetzt und/oder ergänzt worden, so dass der ganzheitliche Ansatz von Bornholdt gewahrt geblieben, aber an die aktuellen Untersuchungsziele angepasst worden ist.

Beim Haupt-Check wird es sich folglich um ein qualitatives Instrument handeln, das die Unternehmenskompetenz über die qualitative Einschätzung der Befragten untersuchen wird. Die strukturelle Konzeption des Instruments sah zunächst vor, dass unter einer vierstufigen Prozessebene (Chancen-Pläne-Abläufe-Umsetzung), jeweils zwei, also insgesamt acht Untersuchungsdimensionen angeordnet werden sollten. Diese Dimensionen sollten nach der jeweiligen Beurteilungsperspektive, i. e. nach einer *internen* und einer *externen* Perspektive, differenziert werden. Die interne Perspektive sollte hierbei die vier Dimensionen Potentiale, Management, Betrieb und Personal enthalten, während die externe Perspektive die Dimensionen Markt, Marketing, Vertrieb und Produkte umfassen sollte. Jeder dieser acht Dimensionen sollten jeweils drei Unterdimensionen zugeordnet werden, so dass der Test insgesamt 24 dieser Unterdimensionen umfasst hätte (Abbildung 8).

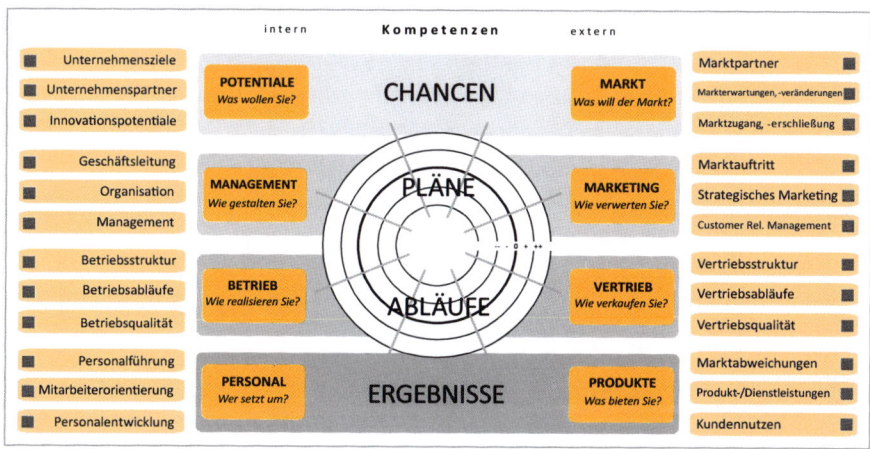

Abbildung 8: Anpassung des Business-Check-Konzepts durch die SBZ.
Quelle: Eigene Darstellung nach Bornholdt (2004): 99.

4.3 Konzeptstufe III

Die weitere Befassung mit dem Konzept und der Thematik der Unternehmens-Kompetenzmessung sowie erste Feedbackrunden und Arbeitskreise haben allerdings die Notwendigkeit verdeutlicht, die Bornholdt'sche Vorlage noch weiter als in diesem ersten Schritt zu entwickeln. Dieses weiter entwickelte Konzept soll einen stärkeren Bezug sowohl zu den aktuellen Debatten zum Thema der Unternehmenskompetenz (z. B. North et al. 2013; North 2011; Hardwig et al.

2011; Erpenbeck/von Rosenstiel 2007b), als auch zu aktuellen Perspektiven der Betriebswirtschaftslehre und Unternehmensanalyse (Thommen/Achleitner 2012; Wöhe/Döring 2013; Vahs/Schäfer-Kunz 2012) erhalten.

Dieses weiter entwickelte Konzept, das in Abbildung 9 zusammenfassend dargestellt ist, unterscheidet nun vier in der Literatur zur Unternehmenskompetenz als zentral angesehene Kompetenzebenen: Wissen, Führen, Innovieren und Kommunizieren. Diesen vier Kompetenzebenen sind wie bei den vorherigen Konzeptstufen ebenfalls jeweils zwei Dimensionen untergeordnet. So werden der ersten Kompetenzebene „Wissen" die Dimensionen *Ressourcen,* im Sinne von Wissensbeständen und deren Management, und *Lernen,* im Sinne der Bereitschaft und des Vermögens, Wissen hinzuzugewinnen und weiterzuentwickeln, zugeordnet. Die zweite Kompetenzebene „Führen" beinhaltet die Dimensionen *Strategie* und *Personal,* während bei der dritten Kompetenzebene „Innovieren" die Dimensionen *Prozesse* und *Produkte* voneinander unterschieden werden. Schließlich werden auf der vierten Kompetenzebene „Kommunizieren" die Dimensionen *Netzwerk,* im Sinne von Kooperationsbeziehungen, und *Markt,* im Sinne des Marktauftritts und der Marktabschöpfung, voneinander unterschieden.

Jeder dieser acht Dimensionen sind – wo möglich – jeweils drei Unterdimensionen zugeordnet, so dass auch diese Konzeptstufe insgesamt 24 Unterdimensionen umfasst. Die 24 Unterdimensionen werden dabei über qualitative Indikatoren operationalisiert, die in Form von ca. fünf Fragen pro Unterdimension im Rahmen des Master-Checks (ca. drei Fragen pro Unterdimension im Schnell-Check) von den „Teilnehmern" (Personen, die den Check durchführen) beantwortet werden sollten. Der Master-Check wird folglich aus ca. 120, und der Schnell-Check aus etwa 72 Fragen bestehen.

Diese inhaltlichen Dimensionen und Unterdimensionen sollen im Folgenden im Einzelnen diskutiert und ihre Auswahl begründet werden. Auch soll ihre Operationalisierung durch qualitative Indikatoren dargestellt werden.

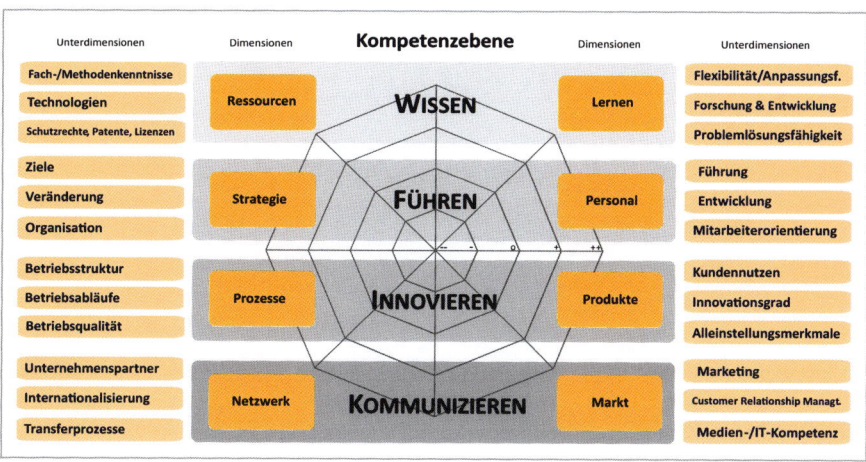

Abbildung 9: Steinbeis Unternehmens-Kompetenzcheck. Quelle: Eigene Darstellung.

5 Der Steinbeis Unternehmens-Kompetenzcheck

5.1 Kompetenzebene Wissen

Wissen wird in der Gegenwart als zentraler, im Grunde wichtigster Erfolgsfaktor in Bezug auf die Wettbewerbsfähigkeit von Unternehmen betrachtet. In der entstehenden Wissensökonomie (Cooke 2001) wandeln sich die verschiedenen Erscheinungsformen von Wissen zu quantitativ und qualitativ immer bedeutenderen Produktionsfaktoren (Ortiz 2013). Dies spiegelt sich in steigenden Investitionen in wissensbezogenen Feldern wie Forschung und Entwicklung, Aus- und Weiterbildung oder Software wider, und wird kontinuierlich vorangetrieben durch die immer weiter voranschreitende Nutzung von Informations- und Kommunikationstechnologien (Al-Laham 2003; Cooke et al. 2007; Godin 2006; Heidenreich 2002; 2003). Wissen soll daher die erste Kompetenzebene des Steinbeis Unternehmens-Kompetenzchecks sein.

Dabei wird zunächst von einem Wissensbegriff ausgegangen, wie ihn Probst et al. (2012) vorschlagen: „Wissen bezeichnet die Gesamtheit der Kenntnisse und Fähigkeiten, die Individuen zur Lösung von Problemen einsetzen. Dies umfasst sowohl theoretische Erkenntnisse als auch praktische Alltagsregeln und Handlungsanweisungen. Wissen stützt sich auf Daten und Informationen, ist im Gegensatz zu diesen jedoch immer an Personen gebunden. Es wird von Individuen konstruiert und repräsentiert deren Erwartungen über Ursache-Wirkungs-Zusammenhänge" (Probst et al. 2012: 23). Eine *organisationale* Wissensbasis, wie sie hier betrachtet wird, setzt sich demnach „aus individuellen und kollektiven Wissensbeständen zusammen, auf die eine Organisation zur Lösung ihrer Aufgaben zurückgreifen kann. Sie umfasst darüber hinaus die Daten und Informationsbestände, auf welchen individuelles und organisationales Wissen aufbaut" (Probst et al. 2012: 23).

Neben vielen weiteren Eigenschaften von Wissen, die an dieser Stelle nicht umfassend diskutiert werden können (für einen Überblick siehe Ortiz 2013: 22ff.), ist in diesem Zusammenhang insbesondere die Eigenschaft der *Kumulativität* zu nennen. Nach Malerba (2004) kann Wissen mehr oder weniger kumulativ sein, was auf den Grad verweist, zu dem die Schaffung neuen Wissens auf bereits bestehenden Wissensbeständen aufbaut. Diese Kumulativität von Wissen kann verschiedene Ursachen haben. Zum einen kognitive, da Lernprozesse stets auf bestehenden Erkenntnissen und Methoden aufbauen. Zum anderen kommen hier die bereits dargestellten Eigenarten firmenspezifischer und nicht-imitierbarer organisationaler Fähigkeiten zum Tragen, die zu pfadabhängigen Lernprozessen führen können. Aber auch Marktfaktoren („success breeds success") können diese Kumulativität von Wissen befördern (Malerba 2004: 20).

Für die ganzheitliche Untersuchung von Unternehmenskompetenzen ist dies insofern relevant, als dass die Notwendigkeit erkennbar wird, sowohl die Qualität von und den Umgang mit firmenspezifischen Wissensbeständen zu untersuchen, als auch den Blick auf Lernprozesse und damit spezifische Entwicklungspfade dieser Wissensbestände im Unternehmen zu richten (Al-Laham 2003: 9; 131ff.). Der Steinbeis Unternehmens-Kompetenzcheck differenziert daher auf der Kompetenzebene „Wissen" zwischen den Dimensionen „Ressourcen" und „Lernen" (Abbildung 10). Hiermit wird auf diese zwei wichtigen Facetten der Kompetenzebene „Wissen" verwiesen: Die eher statische, ressourcenbasierte Dimension, und die dynamische, lernorientierte Dimension.

Abbildung 10: Die Kompetenzebene „Wissen" mit Dimensionen und Unterdimensionen. Quelle: Eigene Darstellung.

5.1.1 Dimension Ressourcen

5.1.1.1 Fach- und Methodenkenntnisse

Die Dimension Ressourcen beinhaltet dabei die Wissensbasis und den verfügbaren Wissensbestand des Unternehmens (Pautzke 1989). Hierzu zählen insbesondere *Fach- und Methodenkenntnisse* des Managements und der (leitenden)

Mitarbeiter, ihre Qualifikationen, Fähigkeiten, Fertigkeiten, Kenntnisse, Werthaltungen und ihr Know-how, das zur Lösung von Problemen und zur Selbstorganisation eingesetzt werden kann. Auch die Ausstattung mit hochqualifiziertem F&E-Personal zur Erbringung von Innovationsleistungen ist hierzu zu zählen.

5.1.1.2 Technologien

Zweitens zählen zu den Wissensressourcen des Unternehmens seine *Technologien* (Orlikowski 1992). Hierbei geht es zum einen um die Qualität der im Unternehmen verfügbaren und genutzten Technologie*ausstattung* im Sinne konkurrenzfähiger und wettbewerbsrelevanter Technologien zur Erbringung marktfähiger Produkte, Prozesse und Dienstleistungen. Auch die Nutzung *innovativer* Technologien am Brennpunkt der Entwicklung ist Teil der Technologiebasis, was mit der Aufgeschlossenheit gegenüber neuen Technologien sowie einem Selbstverständnis, diese zu nutzen, einhergeht. Schließlich zählt hierzu aber auch die Qualität der vom Unternehmen *produzierten* Technologien (technologischer Output), da diese in höchstem Maße wettbewerbsrelevant ist.

5.1.1.3 Schutzrechte, Patente und Lizenzen

Drittens gehören zur Wissensbasis des Unternehmens seine *Schutzrechte, Patente und Lizenzen*. Als Teil der Unternehmenskompetenz zählen hierzu die Quantität und Qualität der Bestände an Patenten, Schutzrechten und Lizenzen, und die Bedeutung dieser Schutzrechte, Patente und Lizenzen für den Unternehmenserfolg, sprich, inwiefern sie Bestandteil und Grundlage des unternehmerischen Handelns sind. Aber auch das Ausmaß, in dem die vom Unternehmen erbrachten Produkte und Dienstleistungen auf Schutzrechten, Patenten und Lizenzen basieren, sowie der Erfolg des Unternehmens, sich externe Patente, Lizenzen und Schutzrechte zu sichern und sich intern erbrachte Entwicklungsleistungen patentieren, lizensieren und schützen zu lassen, sind hier anzuführen.

5.1.2 Dimension Lernen

Die zweite Dimension der Kompetenzebene „Wissen" – „Lernen" – beinhaltet Dispositionen zur Infragestellung, Weiterentwicklung, Veränderung und Ergänzung der bestehenden Wissensbasis, aber auch die Gestaltung eines kollektiven Bezugsrahmens sowie die Erhöhung der Problemlösungs- und Handlungskompetenz des Unternehmens (Probst et al. 2012: 24; auch Pautzke 1989; Nonaka/ Takeuchi 1997).

5.1.2.1 Flexibilität / Anpassungsfähigkeit

Hierzu ist erstens die Unterdimension der *Flexibilität* und *Anpassungsfähigkeit* zu nennen. Diese zielt auf die Fähigkeiten des Unternehmens, als *lernende Organisation* (u. a. Cooke 1998: 13; Heidenreich 2003: 41; auch Schimank 2002: 30) permanent und eigengesteuert in allen Unternehmensbereichen Neuerungen gegenüber aufgeschlossen zu sein und hieraus kontinuierliche Verbesserungen abzuleiten und umzusetzen. Aber auch die Anpassungsfähigkeit des Unternehmens an aktuelle Markt- und Umweltherausforderungen ist in diesem Zusammenhang zu nennen, was die Kompetenz beinhaltet, Produkte, Prozesse und Dienstleistungen im Einklang und unter Rückbezug auf dynamische Markt- und Umweltbedingungen zu entwickeln.

Bei der Anpassung der Wissensbasis spielt ferner das *Wissensmanagement* des Unternehmens eine entscheidende Rolle. Dabei steht das Wissensmanagement für eine interventionsbezogene Perspektive auf Veränderungsprozesse der organisationalen Wissensressourcen und ist auf die gezielte Gestaltung und Steuerung dieser Wissensbasis ausgerichtet. Hierbei stehen Effizienz, Effektivität, Fokus und Fundierung des Wissensmanagements im Vordergrund. Wichtig bei der Beurteilung eines kompetenten Wissensmanagements ist der Erfolg, Wissen und Fähigkeiten in Hinblick auf den Unternehmenszweck und die praktische Anwendung zielorientiert zu nutzen und zu entwickeln (Probst et al. 2012: 24).

5.1.2.2   Forschung und Entwicklung

Auch *Forschung und Entwicklung* sind wichtige Bestandteile der Lernkompetenz von Unternehmen. Entscheidend ist hierbei zum einen die Fähigkeit, die Anstrengungen im F&E-Bereich in neue Produkte, Prozesse und Dienstleistungen umzusetzen. Zum anderen repräsentiert F&E aber auch die Fähigkeiten des Unternehmens, interdisziplinär zu Handeln, sprich Wissen aus unterschiedlichen Bereichen und Feldern über die Grenzen von Abteilungen, Fächern, Professionen, Sektoren und Akteursgruppen hinweg zusammenzuführen, zu verarbeiten, und erfolgreich zu nutzen (March 1991; Cohen/Levinthal 1990). Auch die Zusammenarbeit in interdisziplinär zusammengesetzten Forscher- und Entwicklerteams und Projektgruppen ist hier zu nennen. Schließlich ist auch die Kompetenz anzuführen, aus interdisziplinärem Wissen Innovationen hervorzubringen.

5.1.2.3   Problemlösungsfähigkeit

Die dritte Unterdimension der Lernkompetenz ist die *Problemlösungsfähigkeit*. Dabei geht es zum einen darum, Fähigkeiten zu besitzen, aktuelle und zukünftige Herausforderungen rechtzeitig und kompetent zu erkennen und einzuordnen (Nickerson/Zenger 2004). Zum anderen geht es um die Kompetenz, sich selbst und seine Umwelt einzuschätzen, sich darin zu positionieren, eigene Defizite zu erkennen, aktuelle Entwicklungen zu meistern und hieraus einen Wissens- und Kompetenzzuwachs zu generieren (Romme et al. 2010; Cosh et al. 2012). Entscheidend ist auch hierbei ein Problemlösungs*management,* und dabei vor allem die Informationsbasis, die dem Management und den Mitarbeitern für strategische Entscheidungen bei der Problemlösung zur Verfügung steht.

Insgesamt zeigen diese Ausführungen, dass ein Unternehmen, das auf der Kompetenzebene *Wissen* hohe Kompetenzwerte aufweist, in den beiden Dimensionen Ressourcen und Lernen wesentliche Stärken. Es zeichnet sich nicht nur durch hochwertige und wettbewerbsfähige Wissensbestände in Form von Fach- und Methodenkenntnissen, Technologien und geistigem Eigentum aus, sondern auch durch hohe und leistungsfähige Dispositionen zur Erneuerung, Weiterentwicklung und Infragestellung bereits existierender Wissensbestände in Einklang mit aktuellen Umwelt- und Marktveränderungen. Das Wissens- und Lernmanagement des Unternehmens sind hierbei wesentliche Träger und Voraussetzungen der Unternehmenskompetenz auf der Kompetenzebene Wissen.

5.2 Kompetenzebene Führen

Dass „gute" Führung und die systematische Weiterentwicklung von Führungskompetenzen für den Erfolg und die Profitabilität von Unternehmen von zentraler Bedeutung sind, ist sowohl in der betriebswirtschaftlichen Forschung als auch in der betrieblichen Praxis unbestritten. Die Frage allerdings, was eine „gute" Führung ausmacht, beziehungsweise was unter Führungskompetenzen im Einzelnen verstanden wird, ist weitaus weniger eindeutig (Dillerup/Stoi 2013: 123ff.; Wöhe 2010: 47ff.; Thommen/Achleitner 2012: 915ff.; auch Bretz 1988; Minzberg 1980).

Führungskompetenz wird sowohl in der Forschung als auch in der Praxis häufig auf die Kompetenz von Führungspersonen zurückgeführt. So zeichnet sich z. B. eine gute, kompetente Führungsperson durch einen respektvollen Umgang mit den Mitarbeitern aus, gibt klare Ziele vor, ist entscheidungsfreudig und -fähig, gewährt den Mitarbeitern gewisse Handlungsspielräume, schafft es, das Potential seiner Mitarbeiter weiter zu entwickeln, es optimal zu nutzen und seine Mitarbeiter zu motivieren (Dillerup/Stoi 2013: 123ff.; Wöhe 2010: 47ff.; Thommen/ Achleitner 2012: 915ff.).

Diese Betrachtungsweise von Führungskompetenz anhand persönlicher Eigenschaften entspricht dabei einem *institutionellen* Führungsbegriff (Abbildung 11), der die Unternehmensführung als Institution betrachtet. Der UKC analysiert hingegen die Kompetenzebene Führung in Anlehnung an einen *funktionalen* Führungsbegriff. Dieser versteht Führung als die zielorientierte Gestaltung, Koordination und Entwicklung aller unternehmensrelevanter Aufgaben und Handlungen. Funktionale Unternehmensführung hat demzufolge die Aufgabe, die einzelnen Funktionsbereiche innerhalb eines Unternehmens zu einer zielkonformen Einheit zusammenzufassen und die Gesamtheit aller unternehmerischen Aufgaben zu planen, zu steuern und zu koordinieren (Dillerup/Stoi 2013: 5ff.).

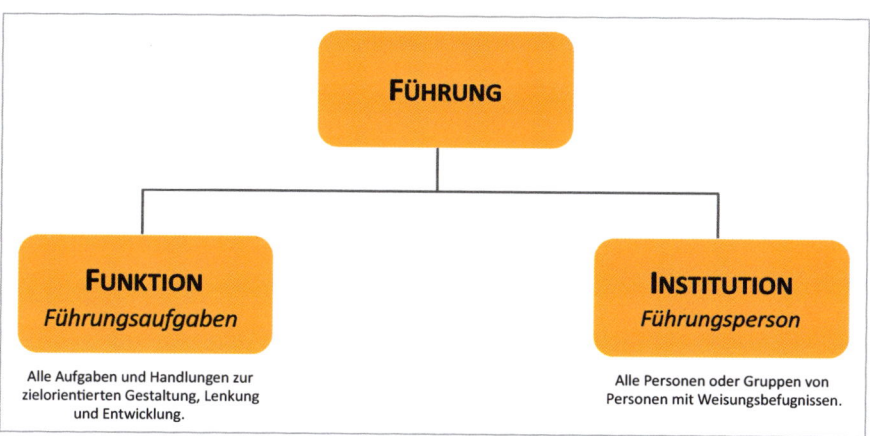

Abbildung 11: Differenzierung des Führungsbegriffs.
Quelle: Eigene Darstellung in Anlehnung an Dillerup/Stoi (2013): 8.

Diese Gesamtheit dieser unternehmerischen Aufgaben lässt sich in zwei Kategorien untergliedern. Führung beinhaltet zum einen die Führung der Unternehmung selbst, und zum anderen die Führung einzelner Akteure im Unternehmen im Sinne einer Verhaltensbeeinflussung. Bei der Führung der Unternehmung selbst handelt es sich um eine sach- und stark entscheidungsorientierte Sichtweise von Führung. Die Hauptaufgaben der sachorientierten Führung sind die Formulierung von Zielen für das Unternehmen, die Bestimmung von Maßnahmen zur Zielerreichung, das Management von Veränderungsprozessen, die Organisation, sowie die Festlegung von Grundsätzen für das zukünftige Verhalten des Unternehmens (Bamberger/Wrona 2012: 5f.). Innerhalb des UKC wird diese Komponente unter dem Oberbegriff *„Strategie"* zusammengefasst. Im Rahmen der Führung einzelner Akteure liegen die Aufgaben des funktionellen Führens hauptsächlich im Bereich der Personal- und Mitarbeiterführung (Bamberger/Wrona 2012: 5f.). Diese personenorientierte Führung wird innerhalb des UKC mithilfe der Dimension *„Personal"* untersucht (Abbildung 12).

Abbildung 12: Kompetenzebene „Führen" mit Dimensionen und Unterdimensionen.
Quelle: Eigene Darstellung.

5.2.1 Dimension Strategie

5.2.1.1 Ziele

Strategie als wesentliche Dimension der Führungskompetenz umfasst folglich als wesentliche Aufgaben der Unternehmensführung die Planung, die Organisation sowie die Kontrolle aller unternehmensrelevanten Aktivitäten. Im Bereich der Planung erfordert Führung zunächst die systematische Bestimmung von Zielen, sowie die Ableitung konkreter Maßnahmen zur Zielerreichung. Jeder (strategische) Planungsprozess setzt dabei die Definition von Zielen voraus (Drucker 1998; Bamberger/Wrona 2012: 10).

Die erste Unterdimension der Dimension Strategie untersucht daher die Unternehmens*ziele.* Ziele beschreiben wünschenswerte, anzustrebende Zustände in der Zukunft und sind für Unternehmen von elementarer Bedeutung. Insbesondere die Festlegung von langfristigen, grundlegenden Zielen, wie z. B. Nachhaltigkeitsüberlegungen, ist eine wichtige Aufgabe der Unternehmensführung. Die präzise Definition und Gewichtung von Zielen ist notwendig, da diese innerhalb eines Unternehmens wichtige Steuerungs-, Koordinations-, Motivations- sowie Kontrollfunktionen besitzen. Ziele haben somit einen wesentlichen Einfluss auf die Steuerungs- und Führungsfähigkeit von Unternehmen (Bamberger/Wrona 2012: 96f.).

Darüber hinaus ist in diesem Zusammenhang die transparente Gestaltung der Ziele und die Schaffung einer breiten Akzeptanz bei den verschiedenen Akteursgruppen von großer Bedeutung. Durch die gezielte Einbindung der Mitarbeiter in den Zielfindungsprozess und mit Hilfe einer offenen Kommunikation sowohl im Unternehmen als auch nach außen, können Ziele ihren Beitrag zur Identifikation der Mitarbeiter und externer Partner mit dem Unternehmen leisten. Darüber hinaus tragen klare Zielbestimmungen zur Motivation der Mitarbeiter bei. Nach außen können Ziele Verbindlichkeit, Vertrauen und Akzeptanz schaffen (Hungenberg/Wulf 2011: 62f.).

5.2.1.2 Veränderung

Die zweite Unterdimension der Dimension Strategie ist „Veränderung". Hierbei geht es vorwiegend um die Frage, inwieweit ein Unternehmen die Kompetenz besitzt, Prozesse des Wandels frühzeitig zu erkennen und wie flexibel es auf diese Veränderungen reagieren kann (Feldman 2003; Sorge/Witteloostuijn 2004; Stähle 2009: 587; 908; Glick et al. 1990). Unternehmen sind dabei in der Gegenwart in nahezu allen Bereichen einer verstärkten Veränderungsdynamik ausgesetzt, von ihrem politischen, ökologischen und sozialen bis hin zum finanziellen Umfeld. Die Anpassung der strategischen Ausrichtung sowie der internen Strukturen an veränderte Rahmenbedingungen sind dabei wesentliche Voraussetzung für die Festigung und Behauptung nachhaltiger Wettbewerbsfähigkeit (Kotter 2012).

Auch wenn der Mehrheit der Unternehmen die erhöhte Veränderungsdynamik bewusst ist, unterbleibt die notwendige Anpassung vielfach. Wesentliche Barrieren können dabei sowohl auf der individuellen Ebene (Entscheidungsträgheit, Festhalten an gewohnten, vertrauten Strukturen), als auch auf der kollektiven Ebene bestehen, wie z. B. überformalisierte Organisationsstrukturen und Prozesse, oder starre Unternehmenskulturen. Auch die mit dem Wandel verbundenen Kosten können Veränderungsprozesse hemmen oder gar verhindern (Lauer 2010: 27ff.). Unternehmen mit einer hohen Kompetenz in dieser Unterdimension müssen folglich auch Dispositionen zur Anpassungsfähigkeit ihrer Produktions-, Organisations- und Entscheidungsstrukturen aufweisen.

Ein weiteres Hemmnis stellt die Komplexität der Systemumwelt dar, in die ein Unternehmen eingebunden ist. Abbildung 13 stellt die verschiedenen Umweltfaktoren dar, die auf das Unternehmen einwirken. Dabei kann eine Veränderung an einer Stelle des Systems durch die bestehenden Verknüpfungen und Verflechtungen das komplette System verändern. Diese komplexen, häufig nicht vorhersehbaren Veränderungen stellen für Unternehmen Risikofaktoren dar, die gegen eine Abkehr von den vorhandenen Strukturen abgewogen werden (Lauer 2010: 27ff.).

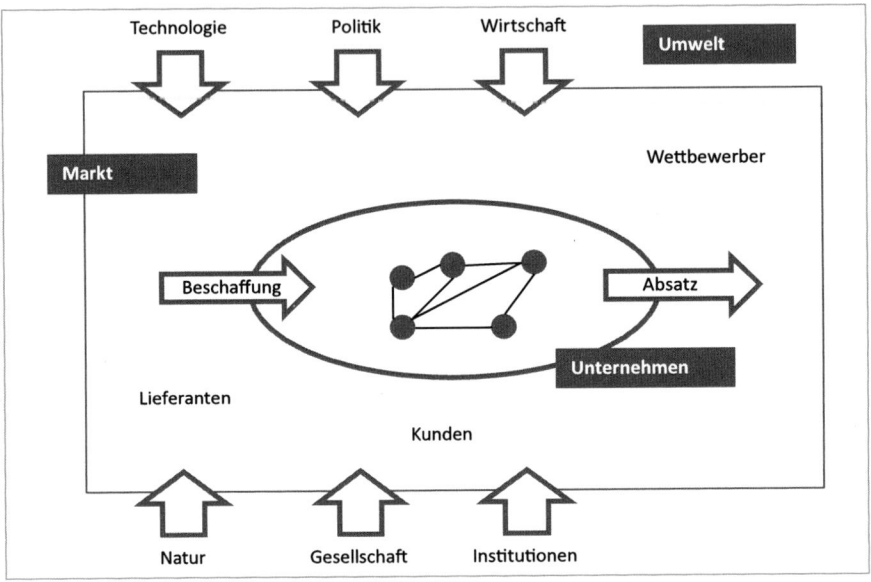

Abbildung 13: Das System Unternehmen und seine Umwelt.
Quelle: Eigene Darstellung nach Lauer (2010): 34.

Entscheidend für das Gelingen derartiger Veränderungsprozesse ist zum einen die transparente und eindeutige Formulierung der Ziele der Veränderung. Auch müssen sowohl das (Top-)Management als auch die von der Veränderung betroffenen Mitarbeiter von dem Vorhaben überzeugt werden und es wahrnehmbar unterstützen. Neben einer offenen Kommunikation ist auch die effiziente und effektive Gestaltung des Veränderungsprozesses unter Einsatz geeigneter Methoden und Werkzeuge in diesem Zusammenhang von Bedeutung. Da diese Faktoren zudem stark miteinander korrelieren, ist der Blick auch auf die Leistungsfähigkeit des Wandlungs- bzw. Changemanagements, welches diese komplexen Veränderungsvorhaben plant, steuert und kontrolliert, unabdingbar (Steinle et al. 2008: 60ff.).

5.2.1.3   Organisation

Die dritte Unterdimension der Dimension Strategie umfasst den Bereich „Organisation". Nach Wöhe/Döring (2010) beschreibt Organisation „das Bemühen der Unternehmensleitung, den komplexen Prozess betrieblicher Leistungserstellung und Leistungsverwertung so zu strukturieren, dass die Effizienzverluste auf der Ausführungsebene minimiert werden" (Wöhe/Döring 2010: 108). Häufig wird in diesem Zusammenhang auch der Begriff der Organisations*struktur* verwendet. Unter diesem Begriff können generelle (formale, aber auch informelle) Regelungen zusammengefasst werden, die die Arbeitsteilung, die Koordination sowie das Verhalten und die Leistung einzelner Mitglieder innerhalb eines Unternehmens steuern und regeln. Diese Regelungen präzisieren Verhaltenserwartungen und Legitimationsbezüge und stellen damit eine wichtige Orientierungshilfe für die Organisationsmitglieder dar (Bamberger/Wrona 2012: 286f.).

Die Organisation eines Unternehmens kann somit als ein wichtiges Instrument zur Koordination des menschlichen Handelns innerhalb des Unternehmens beschrieben werden. Mit Hilfe der Organisationsstruktur wird ein verbindlicher Rahmen geschaffen, der es erlaubt, die Gesamtaufgabe des Unternehmens, die durch die strategische Ausrichtung, beziehungsweise die definierten Ziele vorgegeben ist, arbeitsteilig zu erfüllen. Bei der Gestaltung der Organisationsstruktur ist darauf zu achten, diese bestmöglich auf die strategischen Anforderungen des Unternehmens auszurichten (Hungenberg/Wulf 2011: 199ff.). Entscheidend ist in diesem Zusammenhang zum einen die Zuordnung von Verantwortlichkeiten, aber auch die Vernetzung der einzelnen Geschäfts- und Funktionsbereiche im Unternehmen. Zum anderen ist aber auch die Flexibilität der Organisationsstrukturen als wesentliche Unternehmenskompetenz anzusehen.

Abbildung 14 gibt einen Überblick über die Dimensionen, mit deren Hilfe die Ausrichtung der Organisation auf die strategischen Anforderungen, sowie die Koordination der Arbeitsteilung geregelt beziehungsweise gesteuert werden können.

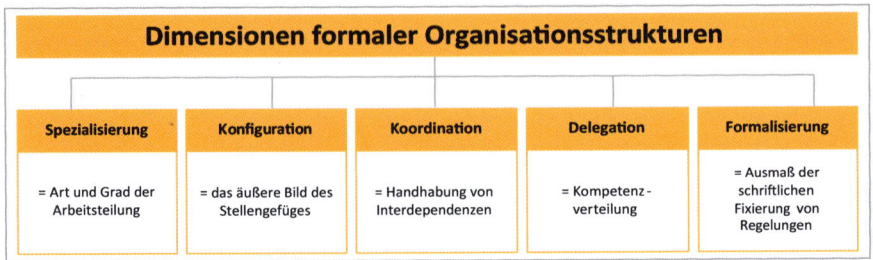

Abbildung 14: Dimensionen formaler Organisationsstrukturen.
Quelle: Eigene Darstellung in Anlehnung an Bamberger/Wrona (2012): 288.

5.2.2 Dimension Personal

Die zweite Dimension der Kompetenzebene „Führen" ist die Kompetenz des Unternehmens im Bereich „Personal". Dabei besteht ein starker Zusammenhang mit der für Unternehmen immer wichtiger werdenden ersten Kompetenzebene Wissen. Insbesondere personengebundenes (implizites) Wissen ist für die nachhaltige Sicherung der Wettbewerbsfähigkeit eines Unternehmens von zentraler Bedeutung. Der erfolgreiche Umgang mit seinen Humanressourcen ist daher eine wichtige und notwendige Dimension der Führungskompetenz von Unternehmen. Zentrale Herausforderung hierbei ist es, das Wissenspotential der Mitarbeiter optimal zu nutzen, es kontinuierlich weiter zu entwickeln und den Zugang dazu zu erhalten (North 2011: 121).

5.2.2.1 Personalführung

Die erste Unterdimension der Dimension Personal befasst sich mit der *Personalführung*. Feststellungen wie „Mitarbeiter verlassen keine Jobs oder Unternehmen – Mitarbeiter verlassen Vorgesetzte" (Gelmi 2013), oder „[I]n der Art der Führung der Menschen liegt der eigentliche Grund, warum einzelne Betriebe erfolgreicher sind als andere" (Merk 2008: 20) machen bereits deutlich, welche Bedeutung einer kompetenten Personalführung für den Unternehmenserfolg zukommt.

Dabei kann unter Personalführung grundsätzlich der „Prozess der zielorientierten Verhaltensbeeinflussung von Organisationsmitgliedern" (Bamberger/Wrona 2012: 272) verstanden werden. Diese zielorientierte Verhaltensbeeinflussung durch die Führungskräfte eines Unternehmens sollte dabei klaren Grundsätzen folgen. Einer dieser Grundsätze sollte der Aufbau einer Bindung zu den Mitarbeitern durch das eigene Verhalten sein. Dies ist entscheidend dafür, die Mitarbeiter nachhaltig an das Unternehmen zu binden und ihr Engagement dauerhaft zu mobilisieren (BMWI 2014). Diese soziale Einbindung des Personals in das Unternehmen ist notwendig, um ein Arbeits-, Geschäfts- und Betriebsklima zu schaffen, in dem die Mitarbeiter ihr gesamtes Leistungsvermögen und ihre Expertise im Sinne der Erreichung der Unternehmensziele vollständig entfalten können.

Zusätzlich bedarf es auch der Akzeptanz der Führungspersonen durch die Mitarbeiter. Es besteht weitreichender Konsens darüber, dass dies vor allem mithilfe eines vertrauensvollen Umgangs zwischen Vorgesetzten und Mitarbeitern realisiert werden kann, durch den langfristige, produktive Beziehungen aufgebaut werden können (Weibler 2012: 19f.).

Dabei müssen auch die individuellen Wünsche und Bedürfnisse der einzelnen Mitarbeiter Berücksichtigung finden (Merk 2008: 20). Eine offene Kommunikation zwischen Mitarbeitern und Führungskräften, aber auch die Möglichkeit, dass die Mitarbeiter in ihren jeweiligen Funktionsbereichen eigenständig und mitunternehmerisch handeln und mitgestalten können, sowie auch in unternehmensinterne Entscheidungsprozesse mit einbezogen sind, sind hierfür wichtige Voraussetzungen. Dies kann z. B. Ausdruck finden in dem Ausmaß, in dem das Unternehmen neben einer *Top-Down-* auch eine *Bottom-Up-*Führung (im Sinne einer Gegenstromführung) zulässt und die Mitarbeiter auf allen Ebenen des Entscheidungsprozesses aktiv in die Problemlösung einbindet.

5.2.2.2 Personalentwicklung

Neben der Aufgabe, das Leistungsvermögen der Mitarbeiter zu aktivieren und es zur Erreichung der unternehmerischen Ziele optimal einzusetzen, ist eine weitere wichtige Unterdimension im Bereich der Personalführung die Mitarbeiter- beziehungsweise *Personalentwicklung*.

Personalentwicklung kann als die Summe aller Aktivitäten zur Förderung von Mitarbeitern, zur Steuerung des Einsatzes der individuellen Fähigkeiten, zur Vorbereitung der Mitarbeiter auf Veränderungen und zur optimalen Einbindung der Humanressourcen in laufende Prozesse zusammengefasst werden (Flato/ Reinbold-Scheible 2006: 12ff.). Bei der Personalentwicklung sollten die Stärken und Fähigkeiten, aber auch die Interessen der Mitarbeiter und Führungskräfte im Vordergrund stehen und berücksichtigt werden. Eignungsprofile der Mitarbeiter und Anforderungsprofile der Stellen sollten aufeinander abgestimmt beziehungsweise wechselseitig angepasst werden, um die Zufriedenheit der Mitarbeiter und damit auch die Wettbewerbsfähigkeit des Unternehmens zu erhöhen (Flato/Reinbold-Scheible 2006: 12ff.).

Die stetige Weiterentwicklung der Fähigkeiten und Fertigkeiten der Mitarbeiter wird durch die zunehmende Dynamik der technologischen Entwicklung und die immer geringer werdende Halbwertszeit von Wissen und Qualifikationen unabdingbar. Neben der Stärkung der Wettbewerbsfähigkeit, der Verbesserung des Unternehmensimages, der Erhöhung der Attraktivität als Arbeitgeber und der langfristigen Bindung der Mitarbeiter an das Unternehmen birgt die Personalentwicklung auch das Potential, die Motivation und das Engagement der Mitarbeiter nachhaltig im Sinne der Erreichung von Unternehmenszielen zu stärken (Gutmann/Klose 2005: 6ff.). Im Sinne der Bedürfnispyramide nach Maslow (1943) (Abbildung 15), die fünf Stufen von Bedürfnissen unterscheidet, sind die Mitarbeiter stets danach bestrebt und motiviert, die nächsthöhere Bedürfnisstufe zu erreichen und zu befriedigen (Wöhe/Döring, 2010: 145).

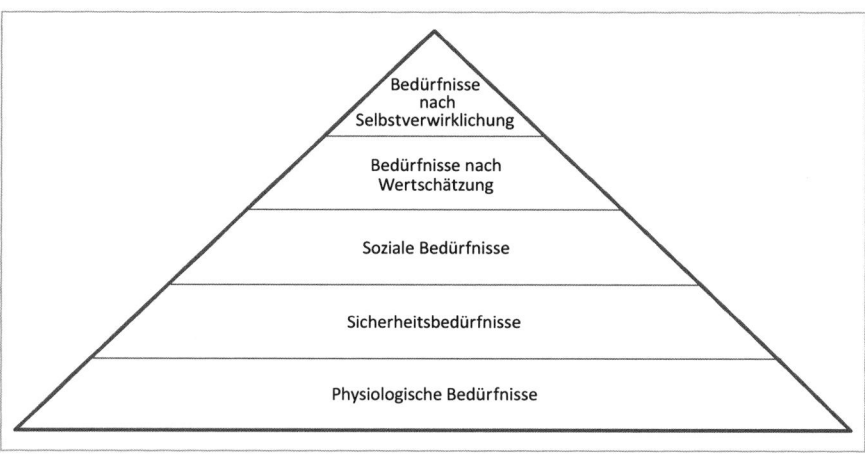

Abbildung 15: Bedürfnispyramide nach Maslow.
Quelle: Eigene Darstellung in Anlehnung an Wöhe/Döring (2010): 145.

Weiterentwicklungsmaßnahmen tragen somit dazu bei, dass der Arbeitsplatz als sicher empfunden wird (= Befriedigung des Sicherheitsbedürfnisses). Zusätzlich verbessern sich dadurch die Aufstiegschancen, was zu einer Steigerung des Ansehens, beziehungsweise zu einem sozialen Aufstieg führt (= Befriedigung der sozialen Bedürfnisse + Erhaltung von Wertschätzung und Anerkennung) (Gutmann/Klose 2005: 6ff.; Wöhe/Döring 2010: 145).

Dabei drückt sich die Kompetenz des Unternehmens dadurch aus, dass es insbesondere hochqualifizierte Mitarbeiter und Führungskräfte dauerhaft an sich binden und unerwünschte Fluktuation verhindern kann. Auch sollte ein Unternehmen mit hoher Personalentwicklungskompetenz seinen Personalbedarf zu einem angemessenen Anteil aus Personalentwicklung und Mitarbeiterqualifizierung decken können. Hierbei ist vor allem die rechtzeitige Heranbildung von qualifiziertem (Führungs-) Nachwuchs zu berücksichtigen, bei der es nicht zuletzt um die Schaffung von Entwicklungs- und Aufstiegschancen jüngerer Mitarbeiter gehen sollte.

5.2.2.3   Mitarbeiterorientierung

Die dritte zu untersuchende Unterdimension ist die *Mitarbeiterorientierung*. Bei der mitarbeiterorientierten Führung ist der Mensch der Mittelpunkt des gesamten Handelns. Die Wertschätzung seiner Leistung sowie seiner Bedürfnisse rücken hierbei in den Fokus des Personalmanagements. Humanressourcen und Mitarbeiterkompetenzen besitzen faktisch und im Bewusstsein aller Akteure im Unternehmen zentrale Bedeutung für den Unternehmenserfolg.

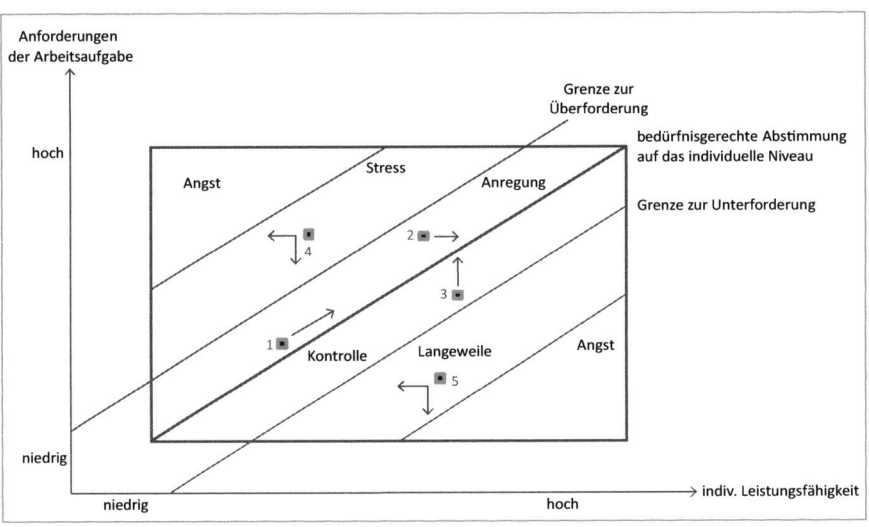

Abbildung 16: Bedeutung einer bedürfnisgerechten Gestaltung der Arbeitsaufgabe.
Quelle: Eigene Darstellung nach Merk (2008): 53.

Die Bedeutung einer bedürfnisgerechten Gestaltung der Arbeitsaufgabe sowie ihr Einfluss auf die individuelle Leistungsfähigkeit der Mitarbeiter ist in Abbildung 16 dargestellt. Es wird deutlich, dass Abweichungen der Arbeitsanforderungen von der individuellen Leistungsfähigkeit leicht zu Über- bzw. Unterforderung führen, und sich damit negativ auf die Motivation auswirken können (Merk 2008: 53f.). Eine wesentliche Kompetenz mitarbeiterorientierter Führung ist es, solche Unter- und Überforderungen frühzeitig zu erkennen und gegenzusteuern.

Neben der Identifizierung von Unter- und Überforderungen hat die School of Facilitating (2014) sechs Grundsätze herausgearbeitet, die es im Rahmen einer mitarbeiterorientierten Unternehmensführung erlauben, Mitarbeiter zu motivieren, die Arbeitszufriedenheit der Belegschaft sicherzustellen und Fachkräfte langfristig zu binden und zu halten (Facilitating 2014). Tabelle 2 fasst diese sechs Grundsätze zusammen und beschreibt die Aufgaben und Herausforderungen, die sich für die Führungskräfte daraus ergeben.

Grundsatz	Bedeutung / Herausforderung für die Führungskräfte
Überzeugen mit Herz und Verstand	– Einfühlungsvermögen – Emotionale Beteiligung – Empathie
Vertrauen leben	– Abgabe von Kontrolle – Übertragung von Verantwortung – Vertrauen in die Fähigkeiten der Mitarbeiter
Offenheit für neue Perspektiven herstellen	– Ideenschatz der Mitarbeiter fördern – Ideenfreundliches Arbeitsklima zulassen
Leise Signale erkennen, Widerstände ernst nehmen	– Zielerreichungsparameter und Arbeitstempo regelmäßig überprüfen – Von Mitarbeitern aufgezeigte Grenzen ernst nehmen
Wertschätzung und Anerkennung zeigen, Beziehung gestalten	– Aufrichtige Wertschätzung und Anerkennung – Regelmäßige konstruktive Mitarbeitergespräche
Vorbild sein - auch in komplexen Situationen	– Zuversicht und Vertrauen in die Zukunft – Gestaltungswille – Entscheidungsfreudig- und -fähigkeit

Tabelle 2: Sechs Grundsätze einer mitarbeiterorientierten Führung.
Quelle: Eigene Darstellung in Anlehnung an Facilitating (2014).

In einem mitarbeiterorientierten Unternehmen stehen folglich die Mitarbeiter im Mittelpunkt des unternehmerischen Handelns. Das Unternehmen und sein Geschäftsmodell basieren im Wesentlichen auf der Leistung, der Kreativität und dem Einsatz der Mitarbeiter. Abgeleitet aus diesem Bewusstsein herrscht im Unternehmen ein uneingeschränkt partnerschaftlicher und vertrauensbasierter Umgang vor. Ebenfalls leitet sich aus diesem Bewusstsein ab, den Bestand an Mitarbeitern quantitativ wie qualitativ zu sichern und ggf. auszubauen. Der Personalumschlag (Personaleingänge und -abgänge) ist in Umfang und Intensität darauf ausgerichtet, den Austausch von neuem, geschäftsrelevantem und personengebundenem Wissen für das Unternehmen sicherzustellen. Auch die Recruiting-Aktivitäten sind in diesem Zusammenhang in Quantität wie Qualität darauf ausgerichtet, den Unternehmenserfolg nachhaltig zu sichern.

Insgesamt zeigt die vorstehende Diskussion der Kompetenzebene Führen, dass ein führungskompetentes Unternehmen sowohl in der Dimension Strategie, als auch in der Dimension Personal stark ausgeprägte Selbstorganisationsdispositionen besitzen muss. Zielmanagement, Veränderungsprozesse und Organisation, aber auch Mitarbeiterorientierung sowie Personalführung und -entwicklung sollten in funktions- und leistungsfähige Managementprozesse und Unternehmensstrukturen eingebunden sein und von allen Akteuren und Funktionsbereichen im Unternehmen getragen werden. Strategie- und Personalkompetenz sind dabei eng verbunden mit den Dimensionen der Kompetenzebene Wissen (Ressourcen, Lernen) und sind daher im Sinne einer ganzheitlichen Untersuchung der Unternehmenskompetenz stets auch in Rückbezug und Wechselwirkung zueinander zu betrachten.

5.3 Kompetenzebene Innovieren

Innovationen werden in der Gegenwart als entscheidende Grundvoraussetzungen für nachhaltigen Unternehmenserfolg betrachtet. Sie sind Wachstumsgenerator und wichtiger Erfolgsfaktor im sich immer weiter verschärfenden globalen Wettbewerb. Um nachhaltig erfolgreich zu sein, müssen Unternehmen sowohl ihre Produkte und Dienstleistungen als auch ihre Prozesse stetig weiterentwickeln und an veränderte Herausforderungen des Marktes anpassen. Dies wird durch die Ergebnisse einer aktuellen globalen Innovationsstudie unterlegt, deren Ergebnisse in Abbildung 17 zusammengefasst sind: Demnach bezeichnen heute bereits 83 % der befragten Unternehmen Innovationen als durchaus wichtig, beziehungsweise sehr wichtig. Laut dieser Studie wird sich dieser Wert in den nächsten fünf Jahren noch auf 88 % erhöhen (Feldmann et al. 2013: 5).

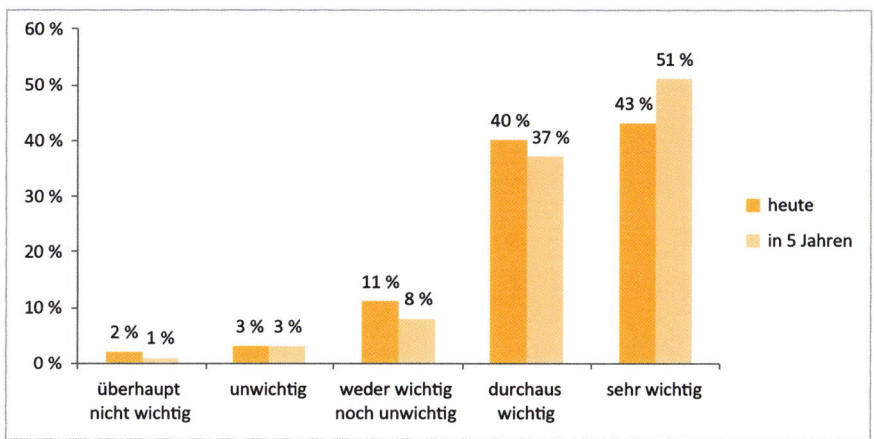

Abbildung 17: Wie wichtig sind Innovationen für den Erfolg Ihres Unternehmens?
Bedeutung von Innovationen für den Unternehmenserfolg.
Quelle: Eigene Darstellung in Anlehnung an Feldmann et al. (2013): 5.

Diese Relevanz des Themas Innovation für nachhaltigen Unternehmenserfolg sowie die Tatsache, dass die Hauptzielgruppe für den UKC kleine und mittelständische Unternehmen (KMU) sind, die als „wichtigster Innovations- und Technologiemotor" (BMWI 2014) gelten, machen es zwingend notwendig, die Kompetenz der Unternehmen im Bereich *Innovieren* als eine Kompetenzebene des UKC zu untersuchen. Die Erfassung der Kompetenzen in diesem Bereich wird anhand der beiden Dimensionen *Produkte* (Erzeugnisse, Dienstleistungen) und *Prozesse* erfolgen (Abbildung 18).

Innovationen lassen sich anhand zahlreicher Dimensionen unterscheiden. Einen Überblick über verschiedene Möglichkeiten zur Klassifizierung von Innovationen geben u. a. Meffert et al. (2012: 369f.), Brockhoff (1995: 30) und Hauschildt/ Salomo (2011: 396f.). Die Unterscheidung nach Produkt- und Prozessinnovationen, wie sie im UKC verwendet wird, entspricht der inhaltlichen Kategorisierung von Innovationen, also einer Unterscheidung nach dem Gegenstand der Neuerung (Hauschildt/Salomo 2011: 5).

Während bei einer Produktinnovation Erzeugnisse oder Dienstleistungen geschaffen werden, die es den Anwendern ermöglichen, neue Herausforderungen zu bewältigen oder vorhandene Herausforderungen auf eine bisher unbekannte oder nicht angewandte Art und Weise zu meistern, soll mit Hilfe einer Prozessinnovation die Effizienz der Produktion gesteigert werden. Es soll dadurch kostengünstiger, schneller und sicherer produziert werden können (Hauschildt/ Salomo 2011: 5). Auch diesen beiden Dimensionen sind jeweils drei Unterdimensionen zugeordnet, die im Folgenden näher erläutert werden.

Abbildung 18: Kompetenzebene „Innovieren" mit Dimensionen und Unterdimensionen.
Quelle: Eigene Darstellung.

5.3.1   Dimension Prozesse

Ein Prozess kann als „die inhaltlich abgeschlossene, zeitliche und sachlogische Folge von Aktivitäten, die zur Bearbeitung eines betriebswirtschaftlich relevanten Objekts notwendig sind" (Becker et al. 2012: 6) definiert werden. Das Ziel einer Prozessinnovation ist es, innerhalb dieser Folge von Aktivitäten das Verhältnis des Prozessergebnisses (Output) in Bezug auf die Zeit zu optimieren und eine Kostenersparnis zu erzielen. Um in den Disziplinen Leistungskraft, Qualität und Dynamik der Betriebsprozesse im Wettbewerb zu bestehen, müssen die Strukturen, die Abläufe und die Qualität der Prozesse stetig weiterentwickelt werden.

Die ersten beiden Unterdimensionen der Dimension Prozesse können nicht unabhängig voneinander betrachtet werden. Die Unterdimensionen *Betriebs-*

strukturen und *Betriebsabläufe* dienen in ihrer Gesamtheit der Ausrichtung aller Unternehmensaktivitäten auf die Zielerreichung des Unternehmens. Dabei kann unter der Kategorie der Betriebsstrukturen die wirksame Gestaltung *statischer* Beziehungszusammenhänge innerhalb eines Unternehmens verstanden werden, während Betriebsabläufe die *dynamische* Gestaltung von Arbeitsabläufen beschreiben. Somit kann hier analog zur Organisationstheorie die Unterdimension Betriebsstrukturen mit dem Themenfeld der *Aufbauorganisation* verglichen werden, während die Unterdimension der Betriebsabläufe sich in den Kontext der *Ablauforganisation* einordnen lässt (Mangler 2010: 8f.; Fiedler 2010: 5f.).

5.3.1.1   Betriebsstruktur

Die Gestaltung der statischen Beziehungszusammenhänge (institutionelle Beziehungen von Aufgabenträgern) im Bereich der *Betriebsstruktur* (Aufbauorganisation) umfasst die Aufgabe, Strukturen für die Erreichung der Unternehmensziele zu schaffen. Dafür müssen zunächst einzelne funktionsfähige, aufgabenteilige Teileinheiten im Unternehmen eingerichtet werden. Darüber hinaus ist es notwendig, diesen Bereichen Befugnisse und Aufgaben zuzuweisen (Mangler 2010: 8f.). Bei den wesentlichen Gestaltungsparametern in diesem Bereich handelt es sich um Spezialisierung, Koordination und Zentralisierung. Mit Hilfe dieser drei Gestaltungsparameter wird festgelegt, welche Aufgaben anfallen, und welche Stellen erforderlich sind, um diese zu erfüllen. Zusätzlich kann dadurch die Zusammenarbeit der Mitarbeiter koordiniert und die hierarchische Ausgestaltung der Weisungs- und Entscheidungsbefugnisse festgelegt werden. Darüber hinaus wird durch diese Strukturen der Autonomiegrad der einzelnen Organisationseinheiten geregelt (Tabelle 3; Dillerup/Stoi 2011: 384ff.; Fiedler 2010: 5).

Zu berücksichtigen ist hierbei abermals die Anpassungsfähigkeit der Betriebsstrukturen an veränderte Rahmenbedingungen und deren kontinuierliche Weiterentwicklung. Auch fallen nicht nur die internen Betriebsstrukturen in den Bereich der Aufbauorganisation, sondern auch die Einbettung des Unternehmens in Verflechtungen mit externen Partnern und Strukturen entlang der Wertschöpfungskette. Strukturierung und Organisation der Funktionsbeziehungen zwischen dem Unternehmen und seinen Kunden, Zulieferern und Partnern, also das *Supply Chain Management*, werden damit zu zentralen Kompetenzen im Bereich der Betriebsstrukturen.

Gestaltungsparamter	Inhalt
Spezialisierung	– Beschreibung der anfallenden Aufgaben – Verteilung der Aufgaben auf verschiedene Aufgabenträger (Stellen, Abteilungen)

Koordination	– Festsetzung der hierarchischen Ausgestaltung
	  der Weisungs- und Entscheidungsbefugnisse
	– Defininiton des Ausmaßes der Standardisierung
	  von Prozessen

Zentralisierung	– Festlegung des Autonomiegrades einzelner (Teil-)Bereiche

Tabelle 3: Gestaltungsparameter Ablauforganisation.
Quelle: Eigene Darstellung in Anlehnung an Dillerup/Stoi (2011): 384ff.; Fiedler (2010): 5.

5.3.1.2 Betriebsabläufe

Der Bereich der *Betriebsabläufe* (Ablauforganisation) hingegen befasst sich mit dem notwendigen Differenzierungsgrad der Arbeitsaufgaben und mit der Frage wann, was von wem getan wird. Dabei betrachtet die Ablauforganisation die räumliche und die zeitliche Komponente der Aufgabenerfüllung. Die Ablauforganisation gestaltet Prozesse, regelt Arbeitsläufe und legt die Reihenfolge und den zeitlichen Ablauf fest, in dem eine Aufgabe erfüllt werden soll. Die Ablauforganisation kann somit als die dynamische Komponente innerhalb der Organisation betrachtet werden (Fiedler 2010: 5f.).

Für Unternehmen besteht die Herausforderung in diesem Bereich insbesondere in der effizienten Koordinierung der Betriebsabläufe, wie z. B. Durchführungen, Auftragsdurchläufe, Reihenfolgen oder der Arbeitsteilung. Dabei ist vor allem darauf zu achten, dass die Abläufe auch in Situationen erschwerter betrieblicher Bedingungen belastbar und leistungsfähig bleiben. Dies tangiert folglich auch die Qualität des Projektmanagements im Unternehmen sowie die Dokumentation von Abläufen, über die Betriebsabläufe vorstrukturiert und transparent und nachvollziehbar gemacht werden können. Schließlich ist es auch in Bezug auf die Betriebsabläufe wichtig, diese sowohl an Veränderungen der Unternehmensumwelt als auch an die Veränderungen der internen Geschäftstätigkeit anzupassen, insbesondere hinsichtlich Flexibilität, Geschwindigkeit und Kundenfreundlichkeit (Dillerup/Stoi 2011: 383).

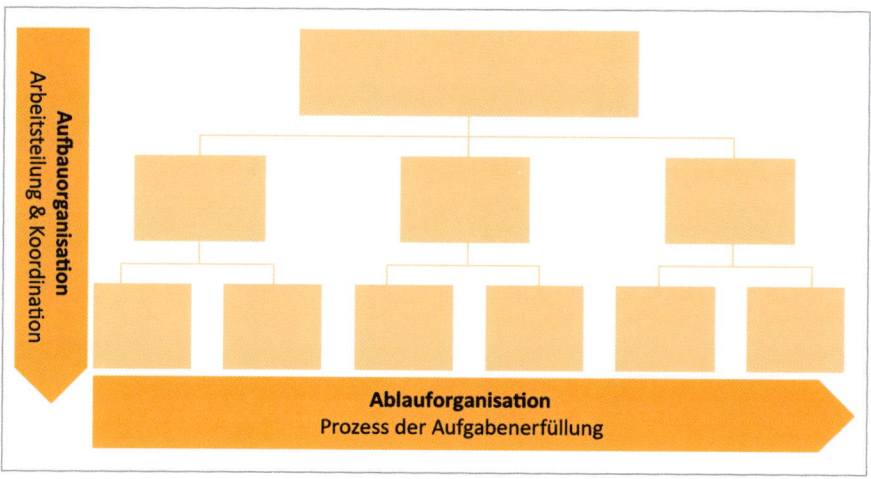

Abbildung 19: Zusammenhang Aufbau- und Ablauforganisation.
Quelle: Eigene Darstellung in Anlehnung an Dillerup/Stoi (2011): 383.

Abbildung 19 fasst die enge Wechselwirkung zwischen den beiden Organisationsformen noch einmal graphisch zusammen. Während sich die Aufbauorganisation mit der Schaffung einer Unternehmensstruktur durch die Festlegung von Hierarchien und der Verteilung von Aufgaben beschäftigt, gestaltet die Ablauforganisation Arbeitsprozesse durch die Regelung der Reihenfolge und der Festlegung des zeitlichen Ablaufs (Heise 2009: 37). Die Definition von klaren Regeln bezüglich Zuständigkeiten und Funktionen, aber auch bezüglich der Zusammenarbeit an wesentlichen Schnitt- und Kontrollstellen wird somit zur wichtigen Unternehmenskompetenz.

5.3.1.3 Betriebsqualität

Die dritte Unterdimension der Dimension Innovieren befasst sich mit der Thematik der *Betriebsqualität*. Ziel eines betrieblichen Qualitätsmanagements ist die möglichst wirtschaftliche Erzeugung von vorgegebenen Produkteigenschaften. Diese Produkteigenschaften resultieren dabei aus den Anforderungen der Kunden, aber auch aus bereits etablierten Standards oder rechtlichen Normen. Darüber hinaus muss das Qualitätsmanagement auch Kriterien der Wirtschaftlichkeit und der Kosteneffizienz berücksichtigen. Um diese Anforderungen hinsichtlich der Erfüllung der Kundenwünsche und einer kosteneffizienten Produktion realisieren zu können, müssen Leistungsprozesse im Unternehmen kontinuierlich verbessert und weiterentwickelt werden (Sommerlatte 2007: 159f.), um eine Qualitätssteigerung bei gleichzeitiger Reduzierung des Zeitaufwands und der Kosten zu erreichen.

Abgeleitet aus diesen Zielen müssen in allen Bereichen des Unternehmens *Qualitätsstandards* etabliert werden, die langfristig auf die Vermeidung von Fehlern und auf die Vermeidung von Verschwendung abzielen, und die zu einer effektiven und effizienten Zusammenarbeit zwischen allen Teilbereichen der Wertschöpfungskette vom Lieferanten bis hin zum Kunden führen (Rothlauf 2010: 103ff.). Darüber hinaus ist auch die Fähigkeit, flexibel auf Kundenwünsche reagieren zu können, in Zeiten individualisierten und pluralisierten Konsumverhaltens eine wesentliche Unternehmenskompetenz in diesem Zusammenhang (Holzbauer 2007: 82).

5.3.2 Dimension Produkte

Produktinnovationen kommt für die Sicherung bzw. den Ausbau der Marktposition eine besonders hohe Bedeutung zu. Durch die bedarfsgerechte Verbesserung und Erneuerung der Produkte (Erzeugnisse, Dienstleistungen) kann das Unternehmen zusätzliche Einnahmen generieren (Stummer et al. 2010: 14). Produktinnovationen können Unternehmen jedoch nur dann bei der Generierung von zusätzlichem Umsatz und zur Festigung der Wettbewerbsposition helfen, wenn die Produktinnovation auf eine Nachfrage im Markt trifft. Die erste Unterdimension der Dimension Produkte ist daher der *Kundennutzen*.

5.3.2.1 Kundennutzen

Zahlreiche Studien im Bereich der Innovationsforschung und der Produktinnovations-Erfolgsfaktorenforschung (PIEFF) weisen einen einzigartigen Kundennutzen bzw. die Produktüberlegenheit gegenüber existierenden Produkten als zentralen Erfolgsfaktor für eine erfolgreiche Produktinnovation aus (u. a. Meffert et al. 2012: 441; Kleinschmidt et al. 1996: 9). Um ein neues Produkt erfolgreich am Markt zu platzieren, ist es folglich notwendig, Kunden und Anwender in den Mittelpunkt der Innovationstätigkeiten zu stellen. Nur durch die Identifizierung der Anforderungen, die die Kunden an ein neues Produkt stellen, sowie der Bereitschaft, dafür zu zahlen, kann ein marktfähiges Produkt geschaffen werden (Kleinschmidt et al. 1996: 107). Damit ein Produkt vom Kunden als überlegen wahrgenommen wird, muss es ein spezifisches Bedürfnis erfüllen, es muss ein konkretes Problem lösen, die Kosten beim Kunden senken und ihm einen einzigartigen Nutzen bieten. Zusätzlich muss es technologisch neuartig und von hoher Qualität sein (Kleinschmidt et al. 1996: 107).

Die notwendige Kompetenz in diesem Bereich ist es folglich, ein aus Kundensicht überlegenes und leistungsfähiges Produkt zu entwickeln, das für den Kunden vielfältige, flexible und nützliche Anwendungsmöglichkeiten bietet. Um diese Anforderungen zu erfüllen, ist es notwendig, die Bedürfnisse der Kunden zu kennen. Dabei können im Bereich der Produktinnovationen die Berücksichtigung aktueller Marktbedürfnisse und die entsprechende Ausrichtung der Innovationstätigkeit zur Sicherung der Wettbewerbsposition beitragen.

5.3.2.2 Innovationsgrad

Die zweite Unterdimension betrachtet den *Innovationsgrad* der Produkte, also das Ausmaß der in einer Innovation vorhandenen Neuerung. Grundsätzlich können bezüglich dieses Neuheitsgrades radikale und inkrementelle Innovationen voneinander unterschieden werden. Während es sich bei inkrementellen Innovationen um die Weiterentwicklung von bereits bestehenden Produkten, Produktkonzepten und Dienstleistungen handelt, stellen radikale Innovationen fundamentale Neuentwicklungen dar, die bisher gänzlich unbefriedigte Nach-

fragebedürfnisse befriedigen können. Aufgrund nicht vorhandener Erfahrungs-
werte weisen radikale Innovationen im Vergleich zu inkrementellen ein deutlich
höheres Entwicklungsrisiko auf. Allerdings bieten sie auch erheblich größere
Marktchancen (Meffert et al. 2012: 396ff.).

Der Umgang mit diesen genannten Risiken ist Teil des *Innovationsmanagements,*
das ebenfalls eine wichtige Unternehmenskompetenz im Bereich der Produktinnovationen darstellt. Zentrale Aufgabe des Innovationsmanagements ist die
Führung, Steuerung, Umsetzung und Kontrolle des gesamten Innovationspro-
zesses. Hinzu kommt die Aufgabe, die benannten Risiken zu identifizieren, zu
analysieren, zu bewerten und Maßnahmen zur Gegensteuerung zu entwickeln
(Disselkamp 2012: 142f.).

5.3.2.3   Alleinstellungsmerkmale

Die dritte Dimension im Bereich der Produktinnovation sind die *Alleinstellungsmerkmale.* Bei einem Alleinstellungsmerkmal bzw. einer Unique Selling Propo-
sition (USP) handelt es sich um ein Produktmerkmal oder eine Produkteigen-
schaft, die das Produkt (die Dienstleistung) „einzigartig" und „unverwechselbar"
macht. Damit erlaubt ein Alleinstellungsmerkmal insbesondere die Differenzierung gegenüber dem Wettbewerb und kann somit die Kaufentscheidung eines
Kunden maßgeblich beeinflussen (Bruhn 2009: 159). Dabei kann eine USP z. B.
durch die Formgebung, das Design, den Preis, die technologische Problemlösung oder eben über einen einzigartigen Kundennutzen definiert sein (Meffert
et al. 2008: 57). Damit die Herausstellung des Alleinstellungsmerkmals langfristig zum Wettbewerbserfolg führt und dazu beiträgt, Kunden an das Unternehmen zu binden, ist es notwendig, dieses Differenzierungsmerkmal dauerhaft
aufrecht zu erhalten (Bruhn 2009: 159).

Wird das Lebenszyklusmodell eines Produktes betrachtet, funktionieren die Definition und der Verkauf über das Alleinstellungsmerkmal in der Einführungs-
und Wachstumsphase meist sehr gut. Die Herausforderung für die Unternehmen
im weiteren Verlauf des Lebenszyklus ist es, das Alleinstellungsmerkmal zu ver-
teidigen, wenn in der Reife- und Sättigungsphase Konkurrenzprodukte auf den

Markt drängen (Meffert et al. 2008: 67 ff.; auch Manager Magazin 2006). Eine wichtige Anforderung an das Alleinstellungsmerkmal stellt somit die schwierige Imitierbarkeit dar (Bruhn 2009: 159). Nur durch eine klare Definition und Kommunikation von Alleinstellungsmerkmalen und deren Aufrechterhaltung gelingt langfristig die Festigung der eigenen Position gegenüber dem Wettbewerb und die damit verbundene Kundenidentifikation und -bindung (Tomczak 2009: 109).

Insgesamt zeigt die vorstehende Diskussion, dass Unternehmen, die sich durch eine hohe Innovationskompetenz auszeichnen, sowohl auf der Dimension Prozesse, als auch auf der Dimension Produkte wesentliche Stärken aufweisen. Die kontinuierliche bzw. disruptive Anpassung, Verbesserung und Neuentwicklung von Betriebsstrukturen, Betriebsabläufen und Betriebsqualität, sowie die radikale bzw. inkrementelle (Weiter-)Entwicklung des Produktangebots unter Berücksichtigung von Kundennutzen, Innovationsgrad und Alleinstellungsmerkmalen ist dabei in funktions- und leistungsfähige Unternehmensstrukturen und Managementprozesse eingebunden. Das Unternehmen kann in diesem Zusammenhang auf wichtige und belastbare Grundlagen der Kompetenzebenen Wissen und Führen zurückgreifen. Die hierzu ebenfalls notwendigen Kompetenzen der Kommunikation in Netzwerken zum Zwecke der Kooperation, sowie der Marktkommunikation, sollen im Folgenden auf der vierten Kompetenzebene betrachtet werden.

5.4   Kompetenzebene Kommunizieren

Auf der Kompetenzebene Kommunizieren differenziert der Steinbeis Unternehmens-Kompetenzcheck die Dimensionen Netzwerk und Markt. *Netzwerke* werden dabei definiert als vorwiegend stabile Kooperations- und Kommunikationsbeziehungen und Interaktionen zwischen Unternehmen und weiteren Unternehmen oder Akteuren. Dabei sind auch solche Kooperationsbeziehungen möglich, bei denen das betrachtete Unternehmen seine Autonomie nicht einschränkt. Kommunikation und wirtschaftliche Transaktionen finden dabei also nicht zwangsläufig auf der Basis rein marktbasierter Überlegungen oder weisungsbasierter Hierarchien, sondern auch mit Bezug auf wechselseitiges Vertrauen darauf statt, dass ein eigener Input in das Netzwerk durch einen späteren

Output aus dem Netzwerk kompensiert werden wird. Die Dimension *Markt* beinhaltet hingegen vorwiegend Kommunikationsströme mit Kunden und weiteren Marktakteuren mit dem Zweck der Gewinn- und Nutzenmaximierung unter Wettbewerbsbedingungen, der Darstellung des eigenen Unternehmens und des Leistungsangebots sowie der Erweiterung der Absatzmöglichkeiten (Abbildung 20).

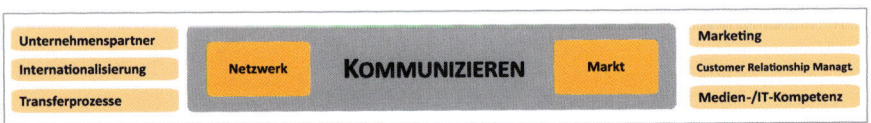

Abbildung 20: Kompetenzebene „Kommunizieren" mit Dimensionen und Unterdimensionen.
Quelle: Eigene Darstellung.

5.4.1 Dimension Netzwerk

5.4.1.1 Unternehmenspartner

Eine Unterdimension der Dimension Netzwerk sind daher die *Unternehmenspartner*. Die Fähigkeit, Kooperations- und Austauschbeziehungen zu verschiedenen externen Partnern herzustellen, dauerhaft aufrechtzuhalten und produktiv zu gestalten ist dabei als zentrale Unternehmenskompetenz anzusehen. Dies gilt insbesondere für den Wissens- und Technologietransfer, für Innovationsprozesse sowie für den Unternehmenserfolg insgesamt (u. a. Weyer 2011; Heidenreich 2011). Wichtige Kooperationspartner in Netzwerken sind zunächst die *Universitäten, Hochschulen und Forschungseinrichtungen* (Ortiz 2013: 37ff., 86ff.; Heidenreich/Koschatzky 2011: 538ff.). Sie stehen den Unternehmen vor allem als Wissensquelle im Wissens- und Technologietransfer, als Partner in kooperativen F&E-Projekten und als Recruiting-Pool qualifizierter Arbeitskräfte und Experten zur Verfügung (Ortiz, A. 2013). Auch *korporative* Akteure wie z. B. die *Industrie- und Handelskammern* oder *Wirtschafts- und Unternehmensverbände* sind wichtige Kooperationspartner in diesem Zusammenhang und stellen den Unternehmen Plattformen zum Austausch und Technologietransfer mit anderen Unternehmen bereit, versorgen die Unternehmen mit spezifischen Informationen und Dienstleistungen und legen verbindliche Standards und Normen fest (Ortiz 2013: 89; Koschatzky 2001).

Darüber hinaus ist die Etablierung von Kooperationen mit *Kunden und Zuliefe-rern* entlang der Wertschöpfungskette eine wesentliche Unternehmenskompe-tenz, da diese nicht nur wichtige Wissens- und Technologiequellen im Transfer darstellen und Partner in gemeinsamen Forschungsprojekten und Entwicklungs-prozessen sein können, sondern unersetzliche Elemente des gesamten Wert-schöpfungsprozesses sind (Ortiz 2013: 88f.).

Des Weiteren sind auch *Unternehmensberater, Business Angels* und spezialisier-te *Intermediäre* wichtige Kooperationspartner von Unternehmen, insbesondere in Hinblick auf den Wissens- und Technologietransfer und auf Innovationspro-zesse. Sie geben den Unternehmen spezifische Expertise, begleiten Unterneh-mensaufbau, betrieblichen Wandel und Geschäftsprozesse und stellen wichtige Schaltstellen im Transfer mit anderen Akteuren dar. Gleiches gilt für *Cluster- und Netzwerkorganisationen* (Walter 2003: 18f.; Koschatzky/Hemer 2009: 212f.; Franzoni/Lissoni 2009). Mitgliedschaft und Teilnahme in derartigen Zusammen-schlüssen von Unternehmen und weiteren Akteuren, die teils öffentlich geför-dert, teils aus privater Initiative heraus entstehen, bietet den Unternehmen u. a. die Möglichkeit, an gemeinsamen Projekten teilzunehmen, gemeinsam genutz-te Ressourcen zu verwenden, neue Kooperationspartner zu finden, Teil der In-formations- und Kommunikationsströme des Netzwerks zu werden oder aber im Verbund auch Zugang zu einzeln nicht erreichbaren Fördergeldern zu erhal-ten (Ortiz 2013: 88ff.; Heidenreich/Koschatzky 2011: 541ff.; Koschatzky 2001).

Schließlich sind auch Kooperationsbeziehungen mit *Behörden* diesbezüglich anzuführen, da auch öffentliche Programme, Initiativen, Förderungen und Be-ratungsdienstleistungen wichtige Faktoren für Transfer, Innovation und Unter-nehmenserfolg sein können (Ortiz 2013: 90f.).

5.4.1.2 Internationalisierung

Die zweite Unterdimension der Dimension Netzwerk umfasst den Bereich der *Internationalisierung*. Die Ausrichtung der Kommunikations- und Vernetzungs-aktivitäten des Unternehmens auch auf internationale Partner und Akteure ist eine zentrale Unternehmenskompetenz unter den Bedingungen sich verstärkt internationalisierender Märkte. Der Erfolg, internationale Märkte zu erschlie-ßen und damit der Internationalisierungsgrad des Unternehmens sind daher wichtige Indikatoren dieser Kompetenz. Ebenfalls eine Rolle in diesem Zusam-menhang spielt die vom Unternehmen erbrachte Exportleistung, also der Anteil der Exporte am Umsatz des Unternehmens. Aber auch die Intensität der Ver-netzung und Kooperation mit internationalen Marktpartnern und Akteuren ist hierbei anzuführen (Thommen/Achleitner 2012: 101ff.).

5.4.1.3 Transferprozesse

Schließlich stellen *Transferprozesse* die dritte Unterdimension der Dimension Netzwerke dar. Wissens- und Technologietransfer wird heute als Schlüsselkom-petenz wettbewerbsfähiger Unternehmen betrachtet, insbesondere im Zusam-menhang mit dem Thema Innovation (Howlett 2010; Varga 2009; Walter 2003). Technologische wie organisationale Erneuerungs- und Wandlungsprozesse sind in der Gegenwart kaum mehr in reiner Eigenleistung zu erbringen. Vielmehr erfordern Komplexität, Dynamik, Kontingenz, Wissensbezug und Interdiszipli-narität unternehmerischen Handelns zunehmend kollaborative Betriebs- und Innovationsprozesse (Wittke et al. 2012). Dem Wissens- und Technologietrans-fer mit externen Akteuren, insbesondere aber dem zwischen Wissenschaft und Wirtschaft sowie dem zwischen Unternehmen untereinander, kommt daher eine ganz besondere Bedeutung zu (Auer 2007; Polt et al. 2010; Döring/Schel-lenbach 2006; Bozeman 2000; Abramson et al. 1997).

Dabei gilt es insbesondere zu ergründen, welche Bereitschaft im Unternehmen vorhanden ist, Wissen aus externen Quellen zu erschließen und erfolgreich im Unternehmen zu nutzen. Auch die Fähigkeit, mit externen Wissensquellen in Kontakt zu kommen und diese durch die Etablierung von Kooperationsbeziehungen dauerhaft für das Unternehmen zu erschließen, ist in diesem Zusammenhang zu betrachten. Schließlich geht es aber auch darum, wie erfolgreich das Unternehmen darin ist, Wissen aus externen Quellen in das eigene Unternehmen zu transferieren und dort zur Erstellung neuer Produkte, Prozesse und Dienstleistungen einzusetzen.

5.4.2   Dimension Markt

Die zweite Dimension der Kompetenzebene Kommunizieren ist der *Markt,* der vorwiegend Kommunikationsströme mit Kunden und weiteren Marktakteuren mit dem Zweck der Gewinn- und Nutzenmaximierung unter Wettbewerbsbedingungen, der Darstellung des eigenen Unternehmens und des Leistungsangebots sowie der Erweiterung der Absatzmöglichkeiten umfasst.

5.4.2.1   Marketing

Eine zentrale Unterdimension ist daher in diesem Zusammenhang der Bereich *Marketing.* Hierbei sind zunächst im Sinne des klassischen Marketing die Anstrengungen des Unternehmens im Bereich der Preis-, Produkt-, Kommunikations- und Distributionspolitik zu betrachten, ihre Ausrichtung auf die aktuellen Gegebenheiten des Marktes sowie ihren Erfolg in Hinblick auf die geplanten Ergebnisse (Meffert et al. 2008: 397ff.). Darüber hinaus ist aber auch die Kenntnis des Marktumfeldes, also die quantitativen und qualitativen Kenntnisse über relevante Geschäftsfelder und Marktpartner (z. B. Branchen, Marktsegmente, Zielgruppen, Schlüsselkunden, Wettbewerber) in den Blick zu nehmen, da sie eine wichtige Kompetenz des Unternehmens bei seiner strategischen Positionierung im Markt darstellt (Meffert et al. 2008: 145ff.; 182ff.). Schließlich geht es im Bereich Marketing aber auch um die Kompetenz, seinen Markt und neue Zielmärkte zu erreichen und Marktbeschränkungen sowie -barrieren erfolgreich zu überwinden.

5.4.2.2 Customer Relationship Management

Entsprechend der Öffnung und Erweiterung des Marketing-Verständnisses seit den 1990er Jahren (Thommen/Achleitner 2012: 131ff.), enthält die Markt-Dimension als zweite Unterdimension das *Customer Relationship Management.* Aus dieser Perspektive werden Kundenbindung und Kundenloyalität zu einem zentralen Marketing-Ziel des Unternehmens. Customer Relationship Management wird dabei definiert als „der systematische Aufbau und die Pflege von Kundenbeziehungen. Es umfasst als Prozess die Phasen Ansprechen, Gewinnen, Informieren, Bedienen und Pflegen eines Kundenstamms" (Thommen/Achleitner 2012: 132). Beim Customer Relationship Management geht es also zum einen um die Kundenorientierung des Unternehmens und seine Kompetenz, sein Handeln und seine strategischen Entscheidungen an den Bedürfnissen der Kunden auszurichten sowie langfristige und stabile Kundenbeziehungen zu strategisch wichtigen und absatzwirksamen Kunden aufzubauen. Zum anderen spielt hierbei auch die Qualität des After-Sales-Managements eine wichtige Rolle. Dies beinhaltet einen kundenfreundlichen, kompetenten und verbindlichen Umgang mit Reklamationen, sowie umfassende und hochwertige Serviceleistungen. Schließlich ist in diesem Zusammenhang aber auch die Zuverlässigkeit bei der Einhaltung von Vereinbarungen mit dem Kunden anzuführen, da nur ein zuverlässiges Unternehmen auch als kompetent wahrgenommen wird. Die hierin zum Ausdruck gebrachte Kompetenz ist es also, vertragliche Vereinbarungen, Absprachen, Lieferbedingungen und Qualitätsstandards stets zuverlässig und partnerschaftlich einzuhalten.

5.4.2.3 Medien- und IT-Kompetenz

Die dritte Unterdimension der auf den Markt bezogenen Kommunikationskompetenz ist die *Medien- und IT-Kompetenz.* Eine wirksame Kunden- und Marktpartnerkommunikation ist in der Gegenwart ohne weitreichende Kompetenzen im Bereich Medien und IT kaum noch darstellbar (Meffert et al. 2008: 622ff.). Hierbei geht es zum einen um einen überzeugenden, umfassenden und wirkungsvollen Marktauftritt sowie um die Wirkung zentraler, präzise an den Marktbedürfnissen ausgerichteter PR- und Werbemaßnahmen auf den Bekanntheitsgrad des Unternehmens. Entscheidend ist hierbei, dass das Unternehmen über diese Maßnahmen von seinen externen Marktpartnern und Kunden als positiv, kompetent, innovativ und erfolgreich wahrgenommen wird. Ein weiterer wichtiger Faktor in diesem Zusammenhang ist die Fähigkeit des Unternehmens, Kontakte zu zentralen Multiplikatoren im Markt über neue Medien, Kommunikationsplattformen und soziale Netzwerke herzustellen und dauerhaft zu pflegen. Der Erfolg dieser Maßnahmen bemisst sich, drittens, an der Effektivität der Kundenkommunikation in Bezug auf das Verhältnis von Ansprachen und Aufträgen sowie auf die Neukundenakquise, sprich aus den Anteil der generierten Erstaufträge gemessen an der Anzahl der Neukundenkontakte.

Zusammenfassend ergibt sich aus diesen Überlegungen zur Kompetenzebene Kommunizieren, dass ein auf dieser Ebene kompetentes Unternehmen wesentliche Stärken sowohl in der Netzwerk-, als auch in der Marktkommunikation besitzen muss. Stabile, produktive und erfolgreiche Kooperationsbeziehungen zu vielfältigen, auch internationalen, Akteuren, insbesondere in Hinblick auf den Wissens- und Technologietransfer sowie auf Innovationsprozesse sind hierbei eine wesentliche Voraussetzung für den Unternehmenserfolg. Eine weitere Voraussetzung sind Kommunikationsströme mit dem Ziel der Markterschließung und -bearbeitung im Bereich des Marketing und des Customer Relationship Managements, unter Verstärkung und Unterstützung durch den Einsatz geeigneter Kommunikationsmedien, insbesondere der Neuen Medien und von Informations- und Kommunikationstechnologie.

6 Qualitative Kompetenzanalyse: Methodische Anmerkungen

6.1 Der Steinbeis Unternehmens-Kompetenzcheck als qualitatives Tool

Aus methodischer Sicht handelt es sich beim Steinbeis Unternehmens-Kompetenzcheck um ein qualitatives Analysetool zur Durchführung von Falluntersuchungen im Unternehmen. Der Check lässt sich dabei als Hilfsmittel zur Anbahnung, Vorstrukturierung und analytischen Auswertung dieser *Cases* betrachten, der die klassischen Methoden qualitativer Falluntersuchungen im Unternehmen (Experteninterviews, Gruppeninterviews, Feldbeobachtungen etc.) je nach Anwendung ergänzen, erweitern oder aber auch teilweise oder gänzlich ersetzen kann (Flick 2009; Lamnek 2010; Kühl et al. 2009).

Im Kern stellt der Unternehmens-Kompetenzcheck eine leitfadengestützte, qualitative und vorstrukturierte Erhebung dar (Liebold/Trinczek 2002: 39ff.; Gläser/ Laudel 2009: 90ff.; Flick 2009: 203ff.; Lamnek 1995: 22f.), die von den Testpersonen sowohl im Dialog mit einem Interviewpartner (Berater), als auch über eine Softwarelösung im Zuge der Selbsteinschätzung eigenständig und ohne Interviewpartner ausgeführt werden kann. Abgefragt werden dabei die qualitativen Einschätzungen der befragten Personen zur Kompetenz des Unternehmens. Untersuchungsgegenstand des Checks sind einzelne Fälle ganzer Unternehmen. Hieraus ergibt sich der qualitative Fokus des Instruments: Die Einschätzung der Unternehmenskompetenz durch einzelne Personen zielt explizit auf stark subjektorientierte Wahrnehmungen ab, die vorwiegend qualitativ einzuordnen, aber nur schwer zu quantifizieren sind. Auch lässt der Untersuchungsgegenstand des Checks (das einzelne Unternehmen) nur eine eingeschränkte statistische Quantifizierung der Untersuchungsergebnisse mehrerer Falluntersuchungen (Aggregierung, Vergleich) zu. Die Wahl qualitativer Methoden erscheint daher dem Untersuchungsgegenstand angemessen und sinnvoll zu sein (Flick 2009: 53f.; Lamnek 2010: 132; Strodtholz/Kühl 2002: 18).

Allerdings ist es zum Zwecke einer fundierten Einordnung und Interpretation der Ergebnisse dieser qualitativen Unternehmensanalyse erforderlich, auch bestimmte quantitative Informationen hinzuzuziehen. Beim Steinbeis Unternehmens-Kompetenzcheck geschieht dies über einen quantitativen *Faktencheck,* der im Vorfeld des qualitativen Checks vom Unternehmen und ggf. in Abstimmung mit dem Berater durchgeführt wird. Dabei handelt es sich um eine Zusammenstellung wesentlicher quantitativer Kennzahlen und -größen zur Skizzierung eines kurzen, aber aussagekräftigen Portraits des zu untersuchenden Unternehmens. Die Verknüpfung dieser quantitativen Informationen mit den Ergebnissen des qualitativen Checks kann dabei (auch unter Einbeziehung weiterer verfügbarer Informationen, wie z. B. Hintergrundinformationen des Beraters, Inhalte vertiefender Gespräche im Unternehmen etc.) als *Triangulation* quantitativer und qualitativer Methoden beschrieben werden (Flick 2009: 44ff.; auch Flick 2011; Lamnek 2010: 245ff.). Diese Triangulation kann als ein dem Analyseziel angemessenes methodisches Vorgehen angesehen werden und erscheint als geeignet, ein tieferes, breiteres und umfassendes Verständnis des Untersuchungsgegenstands Unternehmenskompetenzen zu erzielen (Ortiz 2013: 132).

6.2 360°-Analyse: Selbst- und Fremdeinschätzung, Funktionsebenenvergleich

Analog zur Persönlichkeits-Kompetenzdiagnostik des KODE®-Tests (Heyse/Erpenbeck 2007), sollen auch beim Steinbeis Unternehmens-Kompetenzcheck die zwei Ebenen der Selbst- und der Fremdeinschätzung zur Anwendung kommen, ebenso wie der Funktionsebenenvergleich im Unternehmen. Dies ist aus analytischer Sicht deshalb sinnvoll, um den Faktor der Subjektivität der im Check vorgenommenen qualitativen Einschätzungen analytisch einordnen zu können. Aus der Zusammenführung und dem Vergleich der Einschätzungen verschiedener Funktionsebenen sowie unternehmensinterner wie externer Testpersonen im Sinne einer *360°-Analyse* lassen sich wertvolle Rückschlüsse für die Interpretation der Untersuchungsergebnisse erwarten.

Der Steinbeis Unternehmens-Kompetenzcheck wird daher in zwei Stufen vorliegen: Mit dem vorwiegenden Ziel der Selbsteinschätzung ist in einem ersten Schritt ein *Schnell-Check* entwickelt worden. Dieser Schnell-Check ist als softwaregestütztes Analysetool konzipiert, das es dem Anwender (insbesondere

Unternehmer) innerhalb von maximal 20 Minuten ermöglicht, sich in Bezug auf vorformulierte Thesen/zentrale Fragen zu den wesentlichen Dimensionen der Unternehmenskompetenz selbst einzuschätzen und hierzu umgehend eine von der Software erstellte Auswertung samt Visualisierung der Ergebnisse automatisiert zu erhalten.

Insbesondere zum Ziel der professionellen Fremdeinschätzung soll darauf aufbauend ein umfassender *Master-Check* konzipiert werden. Dieser Check soll über einen ausführlichen Fragenkatalog alle wesentlichen Dimensionen der Unternehmenskompetenz erfassen und im Detail untersuchen. Im Ergebnis sollen Anwender (vorwiegend Berater) eine ausführliche Darstellung und Auswertung des Kompetenzprofils des Unternehmens in Textform mit den wesentlichen Stärken und Schwächen automatisiert erhalten, die durch konkrete Verbesserungsvorschläge und Handlungsanweisungen ergänzt wird. Der Vorteil dieses Tools ist eine schnelle und effiziente Form eines Checks, bei dem ein umfassender und analytisch tiefgründiger Blick auf das Kompetenzprofil des Unternehmens mit einer unmittelbaren Vorlage der Ergebnisse im Rahmen des Analyseprozesses einhergeht. Für den (Steinbeis-) Berater erleichtert dieses Tool die Strukturierung der Kompetenzuntersuchung und entlastet ihn durch das Wegfallen der Erstellung des Untersuchungsberichtes. Der Berater kann sich somit gänzlich auf die weiterführende Analyse, Interpretation und Einordung der Ergebnisse konzentrieren.

6.3   Qualitative Datenerhebung und automatisierte Auswertung

Der Steinbeis Unternehmens-Kompetenzcheck besteht aus einem Fragenkatalog von ca. 75 Fragen im Schnell-Check und ca. 120 Fragen im Master-Check. Diese umfassen die in Kapitel 5 vorgestellten Indikatoren zu den 24 Unterdimensionen des Konzeptes. Hieraus ergeben sich ca. drei Fragen pro Unterdimension im Schnell-Check und ca. 5 Fragen pro Unterdimension im Master-Check.

Bei der Konzeption des Fragenkatalogs ist dabei sowohl auf eine klare und verständliche Sprache, als auch auf eine ausreichende fachliche Fundierung geachtet worden, die eine effiziente und zügige Beantwortung der Fragen zulassen soll, ohne die analytische Präzision einzuschränken. Auch soll die angewandte Fragetechnik ein zügiges Beantworten ermöglichen. Insgesamt wird über den Einsatz einer softwaregestützten Anwendung des Checks eine möglichst hohe Benutzerfreundlichkeit erreicht. Dabei können die Antworten mit einem simplen Click auf einen Wert eines fünfstufigen Antwortschemas abgegeben werden. Das Ziel ist es, für Kunden und Anwender die Handhabung des Checks so einfach wie möglich zu gestalten. Nach Abschluss des Checks soll daher mit einem einzigen weiteren Click die automatisierte Auswertung zur Verfügung stehen.

Im Zuge der Untersuchung erhalten die befragten Personen die Möglichkeit, jede der Check-Fragen über ein fünfstufiges Antwortschema (++ / + / o / - / - -) zu beantworten, das von „++" (sehr positiv) bis „- -" (sehr negativ) reicht. Hinz kommt die Möglichkeit, die Antwort „k. A." (keine Angabe) zu wählen. Um trotz der Vorgabe dieses Antwortschemas eine größtmögliche Offenheit des Checks zu bewahren, wird keine Kalibrierung der Antwortmöglichkeiten vorgenommen, weder über eine einleitende These, noch über die Vordefinition der Mittel-Kategorie o. ä.

Im Vergleich zu gänzlich offenen Antworten, bietet ein derartiges Antwortschema bei qualitativen Untersuchungen einen wesentlichen methodischen Vorteil: Insbesondere ermöglicht es, im Sinne der logischen Formalisierung der *fuzzy-set qualitative comparative analysis* (fsQCA) (Ragin 2000; 2007; 1987; Schneider/ Wagemann 2007: 173ff.), den einzelnen Ausprägungen Zahlenwerte zwischen 0 und 1 zuzuordnen, was die Aggregation und den Vergleich der erhobenen Daten erleichtert. In diesem Fall wird die Zuordnung bereits vom Befragten selbst vorgenommen, im Gegensatz zu der nachträglichen Zuordnung durch den Auswerter, die bei offenen Antworten anzuwenden wäre (Ortiz 2013: 129f.).

Da dies aus methodischer Sicht auch als eine gewisse Quantifizierung qualitativer Daten interpretiert werden könnte, muss aber auf die Einschränkungen dieses Vorgehens hingewiesen werden: Die zugeordneten Zahlenwerte dienen einzig dem Zwecke der Aggregation, Visualisierung und dem Vergleich der erhobenen qualitativen Daten. Die maximal erreichbare Aussagekraft (Skalenniveau) der Daten verbleibt aber zwangsläufig auf *ordinalem* Niveau, so dass sich durchaus eine Rangfolge der Wertungen erstellen lässt. Keinesfalls sind die jeweiligen Ausprägungen aber über die verschiedenen Fragen hinweg gleichwertig, und auch die Abstände zwischen den jeweiligen Ausprägungen variieren und lassen sich nicht exakt festsetzen. Die Werte repräsentieren zudem die subjektive Zuordnung qualitativer Einschätzungen zu einzelnen Ausprägungen, sind also als hochgradig interpretativ anzusehen. Auch bei der intendierten Aggregation dieser Werte kann folglich eine statistische Repräsentativität im Sinne rein quantitativer Studien nicht erreicht werden (Ortiz 2013: 130).

Aus den resultierenden Zahlenwerten der jeweiligen Fragen werden im Zuge der Auswertung durch Aggregation die Werte der Unterdimensionen gebildet, und aus der Aggregation der jeweils drei Unterdimensionen die Werte der Dimensionen. Durch die Übertragung der resultierenden Werte in ein Sterndiagramm lässt sich die Kompetenzverteilung des untersuchten Unternehmens anschaulich visualisieren.

Zum Zwecke der automatisierten Auswertung sind zu jeder der ca. 75 Fragen (120 Fragen) mit ihren jeweils fünf Antwortmöglichkeiten Antworttexte vorformuliert worden, insgesamt also ca. 375 (600) Antworttexte. Diese werden bei der automatisierten Auswertung für die jeweiligen Unterdimensionen je nach ihrer Ausprägung zu ausführlichen Auswertungstexten zusammengestellt. Im Ergebnis entsteht somit ein umfassender Auswertungsbericht als Fließtext, der auch Schaubilder der Gesamt-Kompetenzverteilung des Unternehmens sowie der Kompetenzverteilung innerhalb der einzelnen Kompetenzdimensionen beinhaltet.

6.4   Software: Master-Check und Serverlösung

Der Steinbeis Unternehmens-Kompetenzcheck liegt derzeit als Schnell-Check in einer *beta*-Version vor. Dabei wird der Check über die Umfragesoftware *SurveyMonkey* ausgeführt und über eine Verknüpfung aus eigens programmierten Excel- und Word-Mastern erfasst und ausgewertet. Um die weiteren, insbesondere in Hinblick auf den Master-Check geplanten Anwendungsmöglichkeiten zu realisieren, soll eine eigene Softwarelösung programmiert werden. Diese soll zum einen die unmittelbare Auswertung der Ergebnisse nach dem letzten Klick ermöglichen, aber auch eine hochwertige und kundenfreundliche graphische Benutzeroberfläche schaffen. Darüber hinaus soll der Check, zumindest in der Schnell-Version, auch als App zur mobilen Nutzung zu Verfügung stehen.

Zum anderen soll diese Softwarelösung auch serverbasiert sein. Hiermit sollen die erfassten und ausgewerteten Daten systematisch in einer Datenbank abgelegt werden. Mit dem sukzessiven Anwachsen der Datenbank sollen zukünftig Vergleichsdaten zur Verfügung stehen, auf deren Basis den Kunden Best-Practice-Modelle sowie Benchmarking und Branchenvergleiche angeboten werden können.

7 Der Steinbeis Unternehmens-Kompetenzcheck in der Empirie

Die in den vorangegangenen Kapiteln diskutierten inhaltlichen und methodischen Grundlagen des Steinbeis Unternehmens-Kompetenzchecks sollen im Folgenden anhand erster Anwendungserfahrungen in der Praxis empirisch unterlegt werden. Teil der Konzeptentwicklung waren hierbei insbesondere zwei ausführliche Pretest-Phasen, bei denen der Schnell-Check mit den Anwender-Zielgruppen der Berater aus dem Steinbeis-Verbund sowie mit Unternehmen getestet worden sind. Zum Zwecke der empirischen Validierung des Konzeptes ist drittens eine Kurzstudie durchgeführt worden, in der die Selbst- und die Fremdeinschätzung ausgewählter Unternehmen vergleichend untersucht worden ist. Die Ergebnisse dieser Testphasen sollen im Folgenden dargestellt werden.

7.1 Pretest I: Der Steinbeis Unternehmens-Kompetenzcheck im Test der Berater

7.1.1 Testdesign

Die Intention der beiden Pretest-Phasen war es, die Funktions- und Leistungsfähigkeit des Steinbeis Unternehmens-Kompetenzchecks zu testen. Überprüft wurden daher Struktur, Umfang, Inhalt, Software und Praktikabilität der Schnell-Check-Version des Checks. In der ersten Pretest-Phase hat die Steinbeis-Zentrale das Instrument von der Anwender-Zielgruppe der Steinbeis-Berater testen lassen. Beginn des Pretests war der 17.12.2013, Deadline für das Ausfüllen der Fragebögen der 20.01.2014.

Insgesamt wurden 248 Personen aus dem Steinbeis-Beraterumfeld angeschrieben, ein Großteil davon SU-Leiter von Steinbeis-Beratungszentren, aber auch ausgewählte Projektleiter und weitere, mit der Beratung befasste Steinbeiser. Versendet wurde eine E-Mail mit einem Link zum Pretest. Ergänzend wurde darum gebeten, den Check einem oder mehreren Kunden weiterzuleiten, oder aber den Check gemeinsam mit den Kunden auszufüllen.

Für die Durchführung des Pretests wurde zunächst der im Vorfeld entwickelte Fragebogen in die Umfrage-Software *SurveyMonkey* übertragen (SurveyMonkey 2014). Zum Zwecke einer (quasi-)automatisierten Auswertung wurde ein Excel-Master entworfen, in den die von *SurveyMonkey* bereitgestellten Test-Ergebnisse übertragen werden können. Dieser verknüpft die Ergebnisse mit den vorformulierten Antwortmöglichkeiten und erstellt entsprechende achtdimensionale Radardiagramme zur Visualisierung der Ergebnisse. Die Ausgabe der Ergebnisse erfolgt dann mit Hilfe eines Word-Masters, der sowohl die Antworttexte als auch die Schaubilder in einer festgelegten Formatierung darstellt.

Der Ablauf eines Tests ist wie folgt: Die Test-Person füllt über *SurveyMonkey* den Test aus. Die Ergebnisse stehen nach Beenden des Tests online auf *Survey-Monkey* zur Auswertung bereit. Die Auswertung mit Hilfe der beiden Master muss allerdings manuell durchgeführt werden. Auch sind in der ausgegebenen Word-Datei einige ergänzende Formatierungen durchzuführen, um eine ansprechende Präsentation der Ergebnisse zu erreichen. Es ergibt sich daher eine Zeitspanne von ca. ein bis zwei Tagen zwischen dem Ausfüllen des Checks und dem Übersenden der automatisierten Auswertung.

Dies ist deshalb herauszustellen, da die Testpersonen bereits beim Ausfüllen des Checks in *SurveyMonkey* gebeten wurden, verschiedene Stufen von Feedback abzugeben. Zum einen wurden sie aufgefordert, jeweils zu allen acht Kompetenzdimensionen des Checks ein Feedback hinsichtlich Verständlichkeit, Vollständigkeit, fehlenden Aspekten oder Redundanzen abzugeben. Zum anderen endet der Check mit einem Feedbackbogen bezogen auf den gesamten Check, der folglich auszufüllen ist, bevor die automatisierte Auswertung zur Kenntnis genommen werden konnte.

Bei der automatisierten Auswertung des Berater-Pretests handelt es sich um einen in der Regel elf Seiten umfassenden Ergebnisbericht einschließlich Deckblatt, Konzeptübersicht, Inhaltsverzeichnis, einem Gesamtkompetenzprofil und vier Teilkompetenzprofilen als Radar-Diagrammen. Dieser wurde als PDF per Mail an diejenigen Testpersonen versendet, die den Check vollständig ausgefüllt haben. Auch dieser Mail wurde ein Link beigefügt, mit dem die Testpersonen zu einem Feedbackbogen auf *SurveyMonkey* geleitet wurden, wo sie ihr Feedback zur automatisierten Auswertung abgeben konnten.

Der Rücklauf an vollständig ausgefüllten Fragebögen beträgt 21, was einer Quote von 8,5 % entspricht. Weitere 13 Personen haben den Check begonnen, aber nicht vollständig ausgefüllt und somit auch keine automatisierte Auswertung erhalten. Insgesamt haben sich daher 34 Personen im Rahmen des Berater-Pretests mit dem Check befasst, eine Quote von 13,7 %. Der Rücklauf beim Feedback zur automatisierten Auswertung beträgt 67 %, von den 21 Personen, an die automatisierte Auswertungen versendet wurden, haben folglich 14 ein Feedback abgegeben.

7.1.2   Ergebnisse Kompetenzdimensionen

Die Ergebnisse zu den einzelnen Kompetenzdimensionen zeigen folgendes Bild: Der überwiegende Teil der Testpersonen beurteilt die Fragen in allen Kompetenzdimensionen als verständlich, vollständig, frei von fehlenden Aspekten und von Redundanzen. Das Feedback zu den Fragen der einzelnen Dimensionen ist also vorwiegend positiv und wird von einigen Testpersonen explizit als gut bewertet.

Deutlich wird, dass das Sample der Steinbeis-Berater stark dienstleistungsorientiert ist. Angemerkt wurde daher, dass zu Fragen nach Technologien, Patenten, Schutzrechten und Lizenzen sowie Forschung und Entwicklung häufig keine Antworten möglich waren und in diesen Punkten eine stärkere Ausrichtung auf Dienstleistungsunternehmen wünschenswert wäre. Auch wurde angemerkt, dass einige Fragen mehrere Indikatoren gleichzeitig abfragen. Schließlich wurde auf die Verständlichkeit bei einzelnen Begriffen sowie bei einigen Anglizismen hingewiesen.

7.1.3 Feedback Fragebogen gesamt

Dauer

Die durchschnittliche Dauer für das Ausfüllen des Checks bei allen Testpersonen beträgt 19,5 Minuten. Nur vier von 21 Testpersonen benötigten mehr als 20 Minuten. Zwei dieser vier Testpersonen müssen als Sonderfälle gesehen werden. Werden sie nicht berücksichtigt, beträgt die durchschnittliche Dauer 16,7 Minuten. Das Ziel, einen Schnell-Check zu entwerfen, der in nicht mehr als 20 Minuten auszufüllen ist, ist damit erreicht worden.

Verständlichkeit / lexikalische Überforderungen

Die Frage nach der Verständlichkeit der Test-Anweisungen wurde bis auf eine Ausnahme von allen Testpersonen mit ja beantwortet. Die Frage nach lexikalischen Überforderungen wurde meist verneint. Einige Testpersonen merkten hier aber teils zu lange und zu verschachtelte Fragen und teils ungenaue Formulierungen an.

Skalierung, Antwortschema, Spannungsbogen

Die Skalierung der Fragen und deren Auffächerung wurden durchweg als positiv bewertet. Bei der Frage, ob sich alle Fragen mit dem Antwortschema sinnvoll beantworten lassen können, ist das Feedback in fünf Fällen negativ, allerdings ohne weitere Erklärung bzw. Alternativvorschläge. Die Frage nach der Aufrechthaltung des Spannungsbogens beim Ausfüllen wird überwiegend positiv beantwortet, auch wenn mehrere Testpersonen dies nur teilweise als gegeben ansehen.

Erzeugung weiteren Interesses

Schließlich geben elf Testpersonen an, dass kein oder aber nur teilweise Interesse an einer tiefgründigeren Analyse und Beratung erzeugt worden ist. Angemerkt wird dabei aber, dass zu diesem Zeitpunkt noch keine automatisierte Auswertung vorliegt und damit der eigentliche Mehrwert des Checks noch nicht bekannt sein kann.

7.1.4   Feedback automatisierte Auswertung

Struktur und Umfang der automatisierten Auswertung wurden von allen Testpersonen für geeignet und angemessen erachtet. Die Auswertungstexte wurden von nahezu allen Testpersonen als verständlich beurteilt. Die Visualisierung durch Schaubilder wurde durchweg als sehr positiv und hilfreich bewertet.

Bei der Frage, ob die automatisierte Auswertung tatsächlich auf das untersuchte Unternehmen zutrifft, sehen alle Testpersonen eine weitgehende bzw. gute Annäherung an die tatsächlichen Gegebenheiten. Keine der Testpersonen sieht große oder sogar völlige Abweichungen von den realen Gegebenheiten.

Die Frage nach dem zusätzlichen Aufwand bei der Aufbereitung zur Vorlage und Besprechung der Ergebnisse beim Kunden konnte nur von wenigen Testpersonen beantwortet werden, da in einigen Fällen das eigene Unternehmen oder ein konstruierter Fall untersucht wurde, oder aber aus Zeitgründen noch keine Rücksprache erfolgen konnte. Drei Testpersonen geben an, dass der Aufwand gering war bzw. nicht länger als 30 Minuten in Anspruch genommen hat. Eine Testperson wünscht sich zusätzlich auch noch die automatisierte Bereitstellung entsprechender Präsentationsmaterialien.

Weitere ergänzende Anmerkungen beinhalten Hinweise, dass eine Gesamteinschätzung des Unternehmens gewünscht wird, oder aber die Feedbackfragen zu früh kommen, da in der kurzen Zeitspanne zwischen der Lieferung der Auswertung und der Deadline für das entsprechende Feedback keine Kundengespräche geführt werden konnten.

7.1.5   Inhaltliche Auswertung

Eine inhaltliche Auswertung dieses Berater-Pretests war nicht intendiert und aufgrund der Beschaffenheit des Samples, des gewählten Untersuchungszeitraums, des damaligen Entwicklungsstandes des Konzepts und der Tatsache, dass auch nicht-reale, sondern konstruierte Fälle untersucht worden sind, aus methodischen Gründen auch nicht möglich.

Erkennbar werden aber dennoch zwei wichtige Aspekte: Zum einen ist eine im Vorfeld angenommene Tendenz, stets die Mittelkategorie anzukreuzen, nicht zu beobachten. Es gibt eine zwischen den Fragen und Dimensionen variierende Verteilung der Antworten. Zum anderen ist, wie intendiert, eine Häufung der Antwort „k. A." bei solchen Fragen zu erkennen, die nicht auf alle Unternehmen zutreffen können, also bei den Themen Technologie, *Intellectual Property Rights* und Forschung und Entwicklung. Auch bei den Themen, bei denen die Wortwahl als unklar angegeben wurde, also z. B. beim Thema Personal, ist dies der Fall.

7.1.6 Rückschlüsse und weiteres Vorgehen

Aus dem Berater-Pretest haben sich keine wesentlichen Notwendigkeiten zu Veränderungen am Gesamtkonzept, der Struktur, den Inhalten, dem Umfang, dem Frage- und Antwortschema sowie an der automatisierten Auswertung ergeben. Kritik und Unzulänglichkeiten werden nur punktuell geäußert. Die diesbezüglich benannten Punkte wurden, dort wo möglich und sinnvoll, bereits vor der zweiten Pretest-Stufe mit den Unternehmen in das Konzept eingearbeitet. Dies betrifft insbesondere eine punktuelle Kürzung und Straffung der Auswertungstexte, die Ausformulierung von Abkürzungen, die Vermeidung von Anglizismen sowie die weitere Aufwertung der graphischen Darstellung. Die übrigen Punkte sollen nach erfolgtem Unternehmens-Pretest noch einmal in der Gesamtschau betrachtet und eingeordnet werden.

7.2   Pretest II: Der Steinbeis Unternehmens-Kompetenz-check im Test der Unternehmen

7.2.1   Testdesign

Analog zum Berater-Pretest wurde in Hinblick auf die Überprüfung von Struktur, Umfang, Inhalt, Software und Praktikabilität des Schnell-Checks auch ein Pretest in der Anwender-Zielgruppe der Steinbeis-Unternehmenskunden durchgeführt. Beginn dieses zweiten Pretests war der 06.02.2014, Deadline für das Ausfüllen der Fragebögen der 03.03.2014. Insgesamt wurden 361 Kontaktadressen aus dem Steinbeis-Kundenumfeld angeschrieben. Das verwendete Sample wurde nach folgenden Kriterien aus der deutlich umfangreicheren Liste des Kundenstamms selektiert: In das Sample sind nur Kontaktadressen ab dem Jahr 2011 eingegangen, sowie nur Unternehmen mit fünf oder mehr Mitarbeitern. Darüber hinaus wurden von allen mehrfach aufgeführten Unternehmen die geeignetsten Ansprechpartner ausgewählt.

Versendet wurde eine E-Mail mit einem Link zum Pretest. Diese Mail enthielt auch erste Hinweise auf Steinbeis, das Unternehmens-Kompetenzcheck-Projekt, zur Durchführung des Pretests und dem erbetenen Feedback, der Notwendigkeit eines vollständigen Ausfüllens aller Fragen und eine Ankündigung des kostenlos zu erhaltenen Auswertungsberichts.

Auch für die Durchführung dieses zweiten Pretests wurde auf die Umfrage-Software *SurveyMonkey* zurückgegriffen. Zum Zwecke der automatisierten Auswertung sind, analog zum Berater Pretest, ebenfalls die zuvor beschriebenen Excel- und Word-Master verwendet worden. Bei der automatisierten Auswertung hat sich aufgrund einiger Kürzungen und Straffungen der Umfang des Ergebnisberichts im Vergleich zum Berater-Pretest auf ca. neun Seiten einschließlich Deckblatt, Konzeptübersicht, Inhaltsverzeichnis, Ausblick Master-Check, einem Gesamtkompetenzprofil und vier Teilkompetenzprofilen als Radar-Diagrammen verkürzt. Dieser wurde als PDF per Mail an die Testpersonen versendet, die den Check vollständig ausgefüllt haben. Auch dieser Mail wurde ein Link beigefügt, mit dem die Testpersonen zu einem Feedbackbogen auf *SurveyMonkey* geleitet wurden, wo sie ihr Feedback zur automatisierten Auswertung abgeben konnten.

Der Rücklauf an vollständig ausgefüllten Fragebögen beträgt 13, was einer Quote von 3,6 % entspricht. Weitere 23 Personen haben den Check begonnen, aber nicht vollständig ausgefüllt und somit auch keine automatisierte Auswertung erhalten. Insgesamt haben sich daher 36 Personen im Rahmen des Unternehmens-Pretests mit dem Check befasst, eine Quote von 10,0 %. Der Rücklauf beim Feedback zur automatisierten Auswertung beträgt 46,2 %, von den 13 Personen, an die automatisierte Auswertungen versendet wurden, haben folglich sechs ein Feedback abgegeben.

Unter den 13 vollständigen Rückläufern finden sich fünf Unternehmen aus dem technischen Bereich (Maschinenbau, Prozess- und Systemtechnik) und zwei Unternehmen aus dem Baugewerbe. Fünf Unternehmen sind Dienstleister (drei Unternehmensberatungen, ein Labordienstleister, ein IT-Dienstleister). Ein Handelsunternehmen ergänzt die Rückläufer. Vier der 13 Rückläufer sind kleine Unternehmen mit weniger als zehn Mitarbeitern, fünf Unternehmen haben zwischen zehn und 50 Mitarbeitern, zwei Unternehmen haben zwischen 51 und 100 Mitarbeitern, und zwei Unternehmen haben mehr als 100 Mitarbeiter.

Damit lässt sich, auch unter Berücksichtigung der Zusammensetzung des untersuchten Samples, weder ein Branchenschwerpunkt noch ein Schwerpunkt spezifischer Unternehmensgrößenklassen bei den Rückläufern erkennen. Der Check scheint folglich alle angeschriebenen Branchen und Unternehmensgrößenklassen gleichermaßen angesprochen zu haben.

7.2.2   Ergebnisse Kompetenzdimensionen

Die Ergebnisse zu den einzelnen Kompetenzdimensionen zeigen folgendes Bild: Der überwiegende Teil der Testpersonen beurteilt die Fragen in allen Kompetenzdimensionen als verständlich, vollständig, frei von fehlenden Aspekten und von Redundanzen. Wenige Testpersonen weisen auf die zu hohe Komplexität der Fragen hin und stellen fest, dass nicht alle Fragen für jedes Unternehmen relevant sind. Das Feedback zu den Fragen der einzelnen Dimensionen ist also vorwiegend positiv und wird von einigen Testpersonen explizit als gut bewertet.

Deutlich wird auch beim Unternehmens-Pretest, dass vorwiegend dienstleistungsorientierte Unternehmen Fragen nach Technologien, Intellectual Property Rights und Forschung und Entwicklung häufig nicht beantworten konnten und in diesen Punkten eine stärkere Ausrichtung auf Dienstleistungsunternehmen gewünscht wurde. Auch wurde angemerkt, dass einige Fragen mehrere Indikatoren gleichzeitig abfragen. Schließlich scheinen auch bei den Unternehmen nicht alle verwendeten Begriffe allgemeinverständlich zu sein.

7.2.3   Feedback Fragebogen gesamt

Dauer

Die durchschnittliche Dauer für das Ausfüllen des Checks bei allen Testpersonen beträgt 18,1 Minuten. Nur drei von 13 Testpersonen benötigten mehr als 20 Minuten. Eine dieser drei Testpersonen muss als Sonderfall gesehen werden, da sie angibt, den Test mehrfach unterbrochen zu haben. Wird sie nicht berücksichtigt, beträgt die durchschnittliche Dauer 17,0 Minuten. Das Ziel, einen Schnell-Check zu entwerfen, der in nicht mehr als 20 Minuten auszufüllen ist, ist damit auch im Lichte des Unternehmens-Pretests erreicht worden.

Verständlichkeit / lexikalische Überforderungen

Die Frage nach der Verständlichkeit der Test-Anweisungen wurde von allen Testpersonen positiv beantwortet. Die Frage nach lexikalischen Überforderungen wurde meist verneint. Einige Testpersonen merken hier aber teils zu lange und zu komplizierte Fragen und teils zu ähnliche Frageformulierungen an.

Skalierung, Antwortschema, Spannungsbogen

Die Skalierung der Fragen und deren Auffächerung werden durchweg als positiv bewertet. Bei der Frage, ob sich alle Fragen mit dem Antwortschema sinnvoll beantworten lassen können, ist das Feedback in drei Fällen negativ, allerdings ohne weitere Erklärung bzw. Alternativvorschläge. Die Frage nach der Aufrechthaltung des Spannungsbogens beim Ausfüllen wird nur teilweise positiv beantwortet, vier Testpersonen sehen dies nur teilweise als gegeben an, eine macht dies vom Themengebiet abhängig.

Erzeugung weiteren Interesses

Schließlich geben sieben Testpersonen an, dass bei ihnen Interesse an einer tiefgründigeren Analyse und Beratung erzeugt worden ist, drei Testpersonen verneinen dies. Einmal wird angemerkt, dass zum Zeitpunkt des Tests noch keine
automatisierte Auswertung vorliegt und damit der eigentliche Mehrwert des
Checks noch nicht bekannt sein kann. Zu bedenken ist auch, dass die Frage nach
einem Interesse an weitergehender Beratung von den angeschriebenen Unternehmen leicht als „Verkauf" aufgefasst werden kann, und daher grundsätzlich
verneint wird, um ein möglicherweise nicht gewünschtes Verkaufsgespräch (Be-
ratungsangebot) zu vermeiden.

7.2.4   Feedback automatisierte Auswertung

Struktur und Umfang der automatisierten Auswertung wurden von allen Testpersonen für geeignet und angemessen erachtet. Die Auswertungstexte wurden
von nahezu allen Testpersonen als verständlich beurteilt, in einem Fall allerdings
mit dem Zusatz, dass sie etwas zu allgemein gehalten seien. Die Visualisierung
durch Schaubilder wurde meist als positiv und hilfreich bewertet, eine Testperson sieht hierin aber nur geringen Mehrwert, ohne nähere Begründung.

Bei der Frage, ob die automatisierte Auswertung tatsächlich auf das untersuchte Unternehmen zutrifft, sehen die Testpersonen eine weitgehende bzw. gute
Annäherung an die tatsächlichen Gegebenheiten. Keine der Testpersonen sieht
große oder sogar völlige Abweichungen von den realen Gegebenheiten.

Die Frage nach den Auswirkungen des Ergebnisses auf das untersuchte Unternehmen wurde durchweg negativ beantwortet, sprich: Es hat keine Auswirkungen. Eine Wiederholung des Checks innerhalb eines bestimmten Zeitraums
bejahen fünf Testpersonen, allerdings nur nach vorheriger Beratung, fünf schlie-
ßen eine Wiederholung aus. Schließlich gibt nur eine Testperson an, dass die
automatisierte Auswertung Interesse an weiterer Beratung erzeugt hätte, fünf
verneinen dies.

Weitere ergänzende Anmerkungen beinhalten Hinweise, dass der Check insgesamt gut sei, aber eine ergänzende Selbst- und Fremdeinschätzung sowie Vergleiche mit anderen Unternehmen notwendig wären.

7.2.5   Inhaltliche Auswertung

Eine detaillierte inhaltliche Analyse sowie eine fundierte vergleichende Auswertung dieses Unternehmens-Pretests war nicht intendiert und aufgrund der Beschaffenheit des Samples aus methodischen Gründen auch nur eingeschränkt möglich. Erkennbar werden aber dennoch zwei wichtige Aspekte: Auch im Pretest mit den Unternehmen ist eine im Vorfeld angenommene Tendenz, vorwiegend die Mittelkategorie anzukreuzen, nicht zu beobachten. Es gibt eine zwischen den Fragen und Dimensionen variierende Verteilung der Antworten. Zum anderen ist auch bei diesem Pretest, wie intendiert, eine Häufung der Antwort „k. A." bei solchen Fragen zu erkennen, die nicht auf alle Unternehmen zutreffen können, also bei den Themen Technologie, IPR und F&E. Auch bei den Themen, bei denen die Wortwahl als nicht allgemeinverständlich angegeben wurde, also z. B. beim Thema Personal, ist dies der Fall.

7.2.6   Rückschlüsse und weiteres Vorgehen

Auch aus dem Unternehmens-Pretest haben sich keine wesentlichen Notwendigkeiten zu Veränderungen am Gesamtkonzept, der Struktur, den Inhalten, dem Umfang, dem Frage- und Antwortschema sowie an der automatisierten Auswertung ergeben. Kritik und Unzulänglichkeiten wurden nur punktuell geäußert. Auch scheinen die nach dem Berater-Pretest vorgenommenen Anpassungen eine positive Wirkung gehabt zu haben: Die diesbezüglich benannten Punkte (Kürzung und Straffung der Auswertungstexte, Vermeidung von Abkürzungen und Anglizismen, Aufwertung der graphischen Darstellung) wurden deutlich weniger bzw. gar nicht mehr kritisiert. Weitere Anmerkungen werden gemeinsam mit den Ergebnissen des Berater-Pretests in der Gesamtschau betrachtet und, dort wo möglich und sinnvoll, in das Konzept eingearbeitet.

7.3 Fallstudie: Der Steinbeis Unternehmens-Kompetenz-check in Selbst- und Fremdeinschätzung

Die Ergebnisse der beiden Pretest-Phasen haben gezeigt, dass es gelungen ist, mit dem Steinbeis Unternehmens-Kompetenzcheck ein den Projektzielen entsprechendes funktions- und leistungsfähiges Instrument zur ganzheitlichen Unternehmenskompetenzmessung vorzulegen. Während in diesen Pretest-Phasen allein die konzeptionelle, strukturelle und technische Funktions- und Leistungsfähigkeit des Checks überprüft wurde, soll drittens auch ein erster empirischer Einblick in seine inhaltliche Leistungsfähigkeit gegeben werden. Hierzu sollen im Folgenden die Ergebnisse einer empirischen Kurzstudie dargestellt werden. Gegenstand dieser Studie ist die inhaltliche Auswertung von Selbsteinschätzungen mit dem Steinbeis Unternehmens-Kompetenzcheck in acht ausgewählten Unternehmen, sowie der Vergleich dieser Selbsteinschätzungen mit den Fremdeinschätzungen durch erfahrene Steinbeis-Berater. Das Ziel ist es, neben der exemplarischen inhaltlichen Auswertung einzelner Checks auch erste Aussagen zur Validität im aggregierten Vergleich von Selbst- und Fremdeinschätzung abzuleiten.

7.3.1 Sample

Aus den im Rahmen des Unternehmens-Pretests untersuchten Unternehmen, die eine vollständige Auswertung abgegeben haben, wurden acht ausgewählt: Drei Unternehmen aus dem verarbeitenden Gewerbe (Maschinenbau, Prozess- und Systemtechnik, Textil), drei Dienstleister (Unternehmensberatung, Labordienstleister, IT-Dienstleister), und zwei Unternehmen aus dem Baugewerbe. Zwei der acht untersuchten Unternehmen sind kleine Unternehmen mit weniger als zehn Mitarbeitern, drei Unternehmen haben zwischen zehn und 50 Mitarbeitern, zwei Unternehmen haben zwischen 51 und 100 Mitarbeitern, und ein größeres Unternehmen mit mehr als 100 Mitarbeitern komplettiert das Sample. Dieses nach Branchen und Betriebsgrößenklassen breit gestreute Sample ermöglicht es, differenzierte empirische Einblicke zu gewinnen und Rückschlüsse im Sinne des Untersuchungsinteresses abzuleiten.

7.3.2   Die Selbsteinschätzung der Unternehmen

Untersuchungen mit dem Steinbeis Unternehmens-Kompetenzcheck zielen in erster Linie auf die Analyse des einzelnen Unternehmens ab. Im Folgenden soll daher auf die Auswertung der Ergebnisse für eines der untersuchten Unternehmen (Unternehmen XY) exemplarisch eingegangen werden. Es handelt sich dabei um ein Unternehmen aus dem Bereich Maschinenbau mit mehr als 100 Mitarbeitern. Abbildung 21 zeigt die Selbsteinschätzung der Gesamt-Kompetenzverteilung dieses Unternehmens.

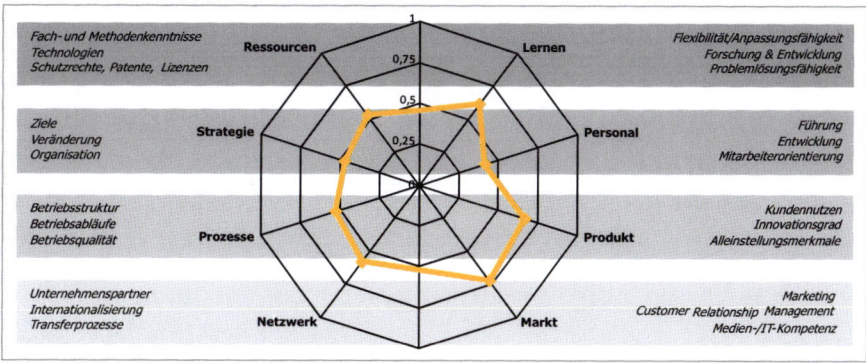

Abbildung 21: Die Gesamt-Kompetenzverteilung des Unternehmens XY: Selbsteinschätzung.
Quelle: Eigene Darstellung.

Zu erkennen ist, dass sich das Unternehmen durchweg im Bereich durchschnittlicher (o) bis positiver (+) Kompetenzen einschätzt. Erkennbare Abweichungen ergeben sich bei der Dimension Personal, bei der sich das Unternehmen leicht schwächer einschätzt, und bei den Dimensionen Produkt und Markt, bei denen das Unternehmen seine am stärksten ausgeprägten Kompetenzen sieht. Es überrascht, dass ein technologisch ausgerichtetes Unternehmen aus dem Maschinenbau sich in der Dimension der Wissensressourcen (Fach-/Methodenkenntnisse, Technologien, Schutzrechte etc.), die eine Kernkompetenz darstellen sollte, nur durchschnittlich einschätzt.

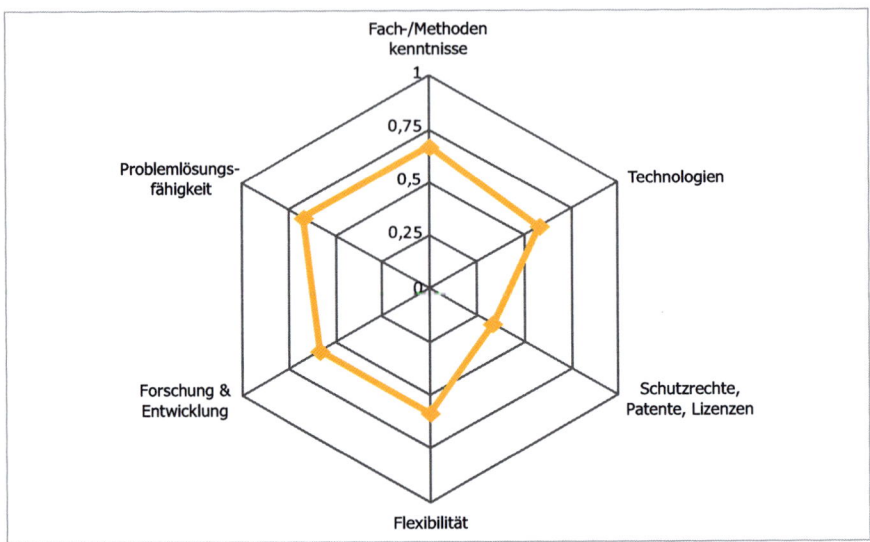

Abbildung 22: Selbsteinschätzung Unternehmen XY: Kompetenzebene Wissen.
Quelle: Eigene Darstellung.

Ein Blick auf die einzelnen Kompetenzebenen schlüsselt diese Ergebnisse weiter auf. So zeigt sich auf der Kompetenzebene Wissen (Abbildung 22), dass das Unternehmen neben durchweg durchschnittlichen bis positiven (o bis +) Kompetenzen deutlich eingeschränkte Kompetenzen im Bereich von Schutzrechten, Patenten und Lizenzen aufweist. Diese scheinen für das Unternehmen nur eine untergeordnete bzw. keine Rolle zu spielen, auch scheint nur eine vergleichsweise geringe Kompetenz im Umgang damit vorzuliegen. Für einen Großteil der anderen untersuchten Unternehmen, insbesondere diejenigen aus dem Dienstleistungsbereich, spielen Schutzrechte keine Rolle, so dass hier meist keine Angabe gemacht wurde. Ähnliches gilt für den Bereich Forschung und Entwicklung.

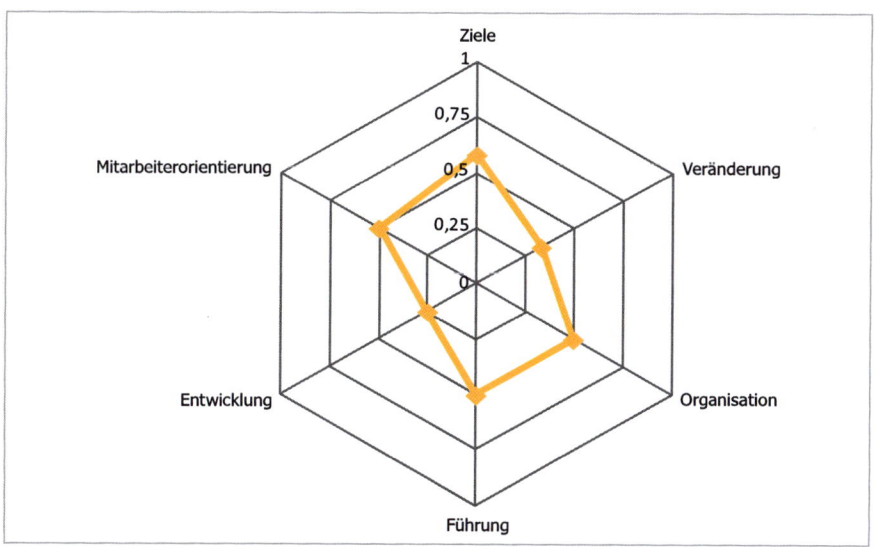

Abbildung 23: Selbsteinschätzung Unternehmen XY: Kompetenzebene Führen.
Quelle: Eigene Darstellung.

Der detaillierte Blick auf die Kompetenzebene Führen (Abbildung 23) präzisiert die schwächere Einschätzung der Dimension Personal. So wird ersichtlich, dass insbesondere der Bereich der Personalentwicklung negativ (-) eingeschätzt wird. Personalmanagement, dauerhafte Bindung hochqualifizierter Mitarbeiter an das Unternehmen, Vermeidung unerwünschter Fluktuation, Mitarbeiterqualifizierung und Heranbildung von qualifiziertem (Führungs-) Nachwuchs gelingen dem Unternehmen nur unzureichend. Auch in der Dimension Strategie tritt eine eher negativ eingeschätzte Unterdimension hervor, der Bereich Veränderung. Dabei werden vor allem die Kompetenzen des Unternehmens, notwendige Veränderungsprozesse, Unsicherheiten und Risikosituationen zu managen, sowie die Anpassungsfähigkeit der Produktions-, Organisations- und Entscheidungsstrukturen an veränderte Rahmenbedingungen als negativ bzw. sehr negativ beurteilt. In beiden Dimensionen der Kompetenzebene Führen scheint das Unternehmen somit nur durch schwach ausgeprägte Kompetenzen in den eher dynamischen und wandlungsorientierten Unterdimensionen charakterisiert zu sein.

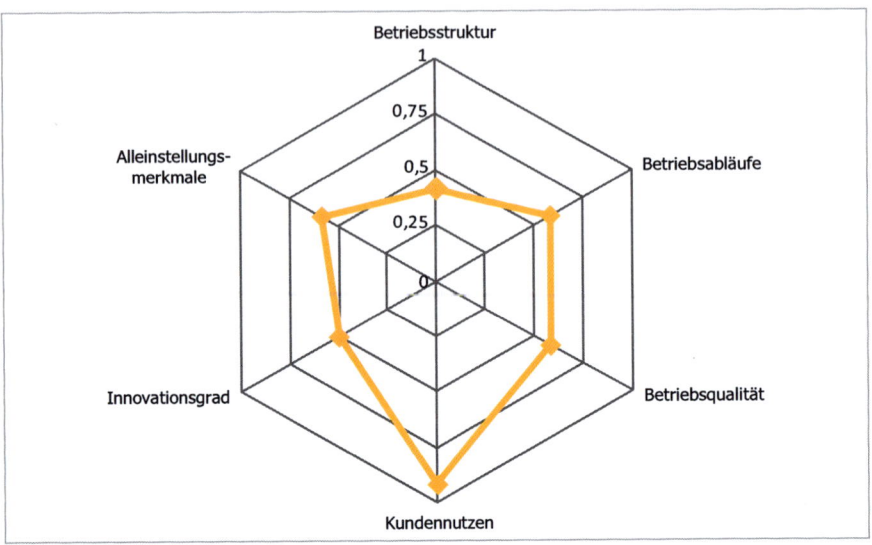

Abbildung 24: Selbsteinschätzung Unternehmen XY: Kompetenzebene Innovieren.
Quelle: Eigene Darstellung.

Auf der Kompetenzebene Innovieren zeichnet sich das Unternehmen durch gleichmäßig verteilte Kompetenzen auf durchschnittlichem Niveau (o) aus. Einzig die Unterdimension Kundennutzen in der Dimension Produkte wird deutlich positiver (++) eingeschätzt, was auch die insgesamt positivere Einschätzung der Dimension Produkte ursächlich erklärt. Das Unternehmen scheint daher besonders positive Kompetenzen im Bereich der Leistungsfähigkeit, der Anwendungsmöglichkeiten und der Qualität seiner Produkte, sowie bei der Orientierung der Produktentwicklung an Markt- und Kundenbedürfnissen zu besitzen.

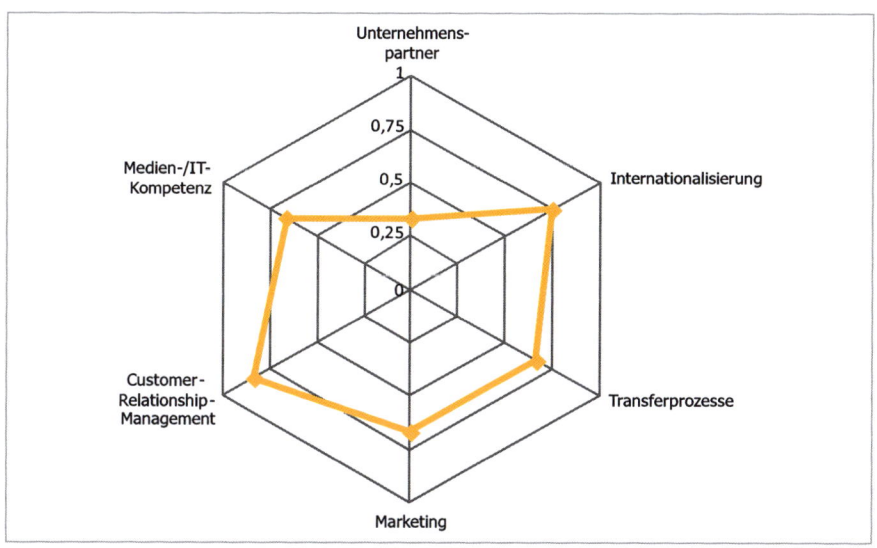

Abbildung 25: Selbsteinschätzung Unternehmen XY: Kompetenzebene Kommunizieren.
Quelle: Eigene Darstellung.

Die vierte Kompetenzebene Kommunizieren zeigt schließlich sehr gleichmäßig verteilte Kompetenzen auf positivem Niveau. So werden auf der Dimension Netzwerk die Unterdimensionen Internationalisierung (0,75) und Transferprozesse (0,67) als positiv eingeschätzt. Abweichend hiervon wird nur die Unterdimension Unternehmenspartner als eher negativ (0,33) beurteilt. Das Unternehmen zeichnet sich daher durch eine hohe Exportleistung, eine hohe Kompetenz bei der Erschließung internationaler Märkte sowie einen hohen Grad an Vernetzung mit internationalen Akteuren aus. Auch Prozesse des Wissens- und Technologietransfers gehören zu seinen starken Kompetenzen. Hingegen sind Kooperationsbeziehungen mit inländischen Kooperationspartnern eher schwach ausgeprägt oder qualitativ unzureichend.

In der Dimension Markt macht das Unternehmen seine stärksten Kompetenzen aus (0,72 gesamt). Neben stark ausgeprägten Kompetenzen in den Unterdimensionen Marketing und Medien-/IT- Kompetenz (je 0,67), wird hier insbesondere das Customer Relationship Management als besondere Stärke des Unternehmens hervorgehoben (0,83).

7.3.3   Selbst- und Fremdeinschätzung im Vergleich

Dieser Selbsteinschätzung des Unternehmens XY soll nun im Folgenden eine Fremdeinschätzung eines Steinbeis-Beraters entgegengestellt werden, der das Unternehmen in der Vergangenheit bereits beraten und entsprechende Hintergrundinformationen gewonnen hat. Die Ergebnisse dieser Fremdeinschätzung in Bezug auf die Gesamtkompetenzverteilung sind in Abbildung 26 abgebildet.

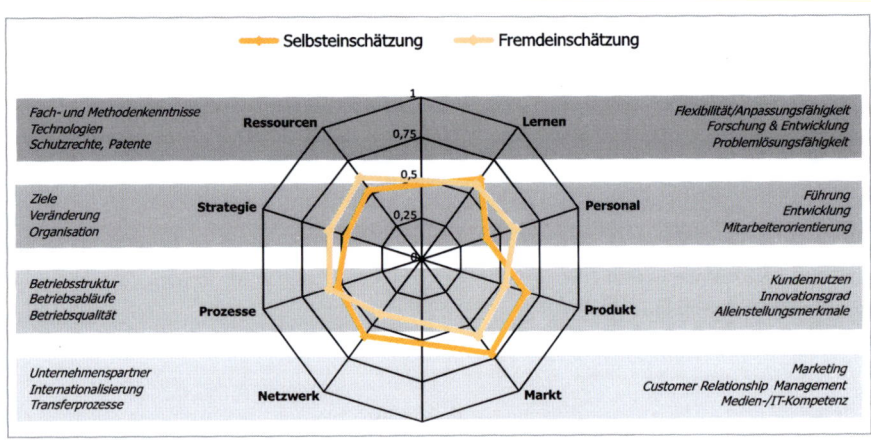

Abbildung 26: Unternehmen XY: Selbst- und Fremdeinschätzung. Quelle: Eigene Darstellung.

Zu erkennen ist eine breite grundsätzliche Übereinstimmung beider Einschätzungen auf einem mittleren bis leicht positiven Kompetenzniveau. Im Mittel weichen Selbst- und Fremdeinschätzung nur um einen Wert von 0,12 auf der Kompetenzskala (0 bis 1) voneinander ab, sprich nicht einmal eine halbe Kompetenzstufe. Dabei fällt auf, dass die bei der Selbsteinschätzung wahrgenommenen Defizite in der Dimension Personal von der Fremdeinschätzung des Beraters nicht in diesem Umfang geteilt, sondern positiver eingeschätzt werden. Hingegen werden die vom Unternehmen selbst sehr positiv eingeschätzten Kompetenzen in den Dimensionen Produkte und Markt vom Berater weniger positiv eingeschätzt. Ein Blick auf die einzelnen Kompetenzebenen mit ihren Dimensionen und Unterdimensionen gibt hierzu weiteren Ausschluss.

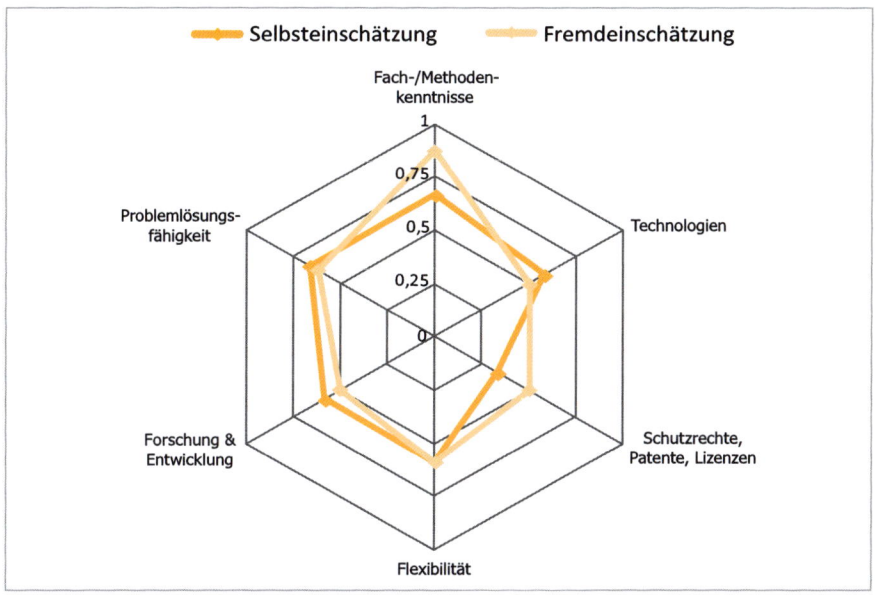

Abbildung 27: Selbst- und Fremdeinschätzung Unternehmen XY: Kompetenzebene Wissen.
Quelle: Eigene Darstellung.

In der Kompetenzebene Wissen findet sich hierbei eine breite Übereinstimmung von Selbst- und Fremdeinschätzung, nur die Kompetenzen im Bereich der Fach- und Methodenkenntnisse und bei den Schutzrechten, Patenten und Lizenzen werden vom Berater um eine Bewertungsstufe (0,25) positiver eingeschätzt (Abbildung 27).

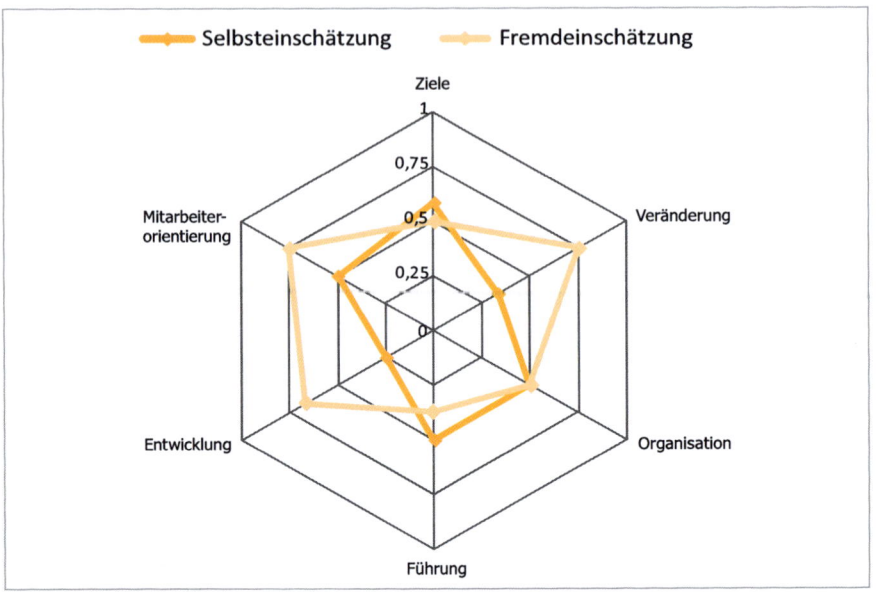

Abbildung 28: Selbst- und Fremdeinschätzung Unternehmen XY: Kompetenzebene Führen.
Quelle: Eigene Darstellung.

Deutlich größere Abweichungen zeigen die Ergebnisse der Kompetenzebene Führen (Abbildung 28). In der Dimension Strategie stimmen zwar die Einschätzungen zu den Unterdimensionen Ziele und Organisation nahezu überein, jedoch gibt es deutliche Abweichungen bei der Unterdimension Veränderung, die bei der Fremdeinschätzung (0,75) deutlich positiver ausfällt als bei der Selbsteinschätzung (0,33). Ähnlich ist es bei der Dimension Personal: Während die Unterdimensionen Führung und Mitarbeiterorientierung nur leichte Abweichungen aufweisen, zeigt sich bei der Unterdimension Entwicklung eine deutlich positivere Fremdeinschätzung (0,67) als bei der Selbsteinschätzung (0,25). Die Dynamik und Wandlungsfähigkeit ausdrückenden Unterdimensionen dieser Kompetenzebene werden folglich vom Berater als deutlich positiver eingeschätzt als vom Unternehmen selbst.

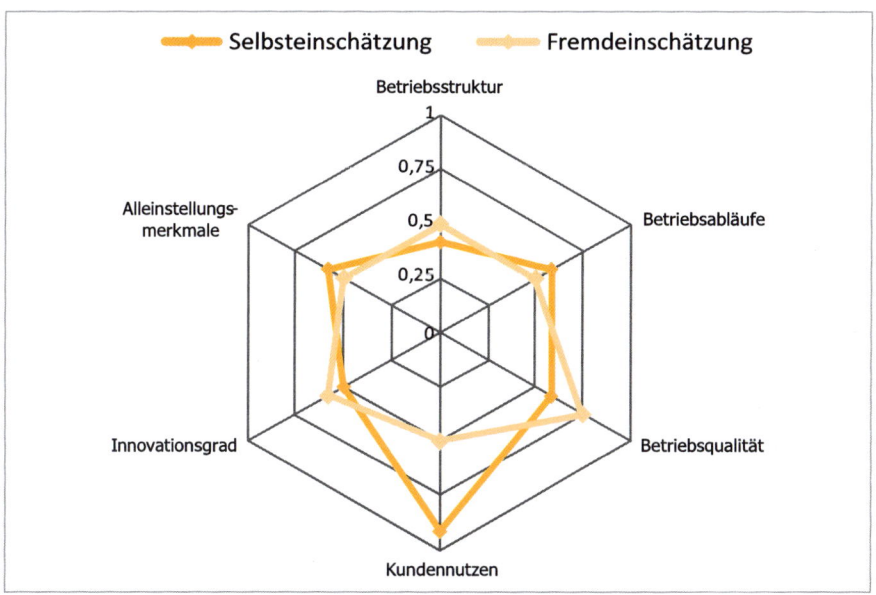

Abbildung 29: Selbst- und Fremdeinschätzung Unternehmen XY: Kompetenzebene Innovieren.
Quelle: Eigene Darstellung.

In der Kompetenzebene Innovieren ähneln sich beide Einschätzungen auf mittlerem Kompetenzniveau. In der Unterdimension der Betriebsqualität schätzt der Berater die Kompetenzen des Unternehmens im Bereich der Kosteneffizienz in der Produktion, dem Qualitätsmanagement, der Qualitätsstandards sowie der Anpassungsfähigkeit der Betriebsabläufe an individuelle Kundenwünsche etwas positiver ein (0,75), als das Unternehmen sich selbst (0,58). Eine erhebliche Abweichung zeigt die Unterdimension Kundennutzen, bei der die Selbsteinschätzung des Unternehmens (0,92) deutlich positiver ist als die Fremdeinschätzung des Beraters (0,50).

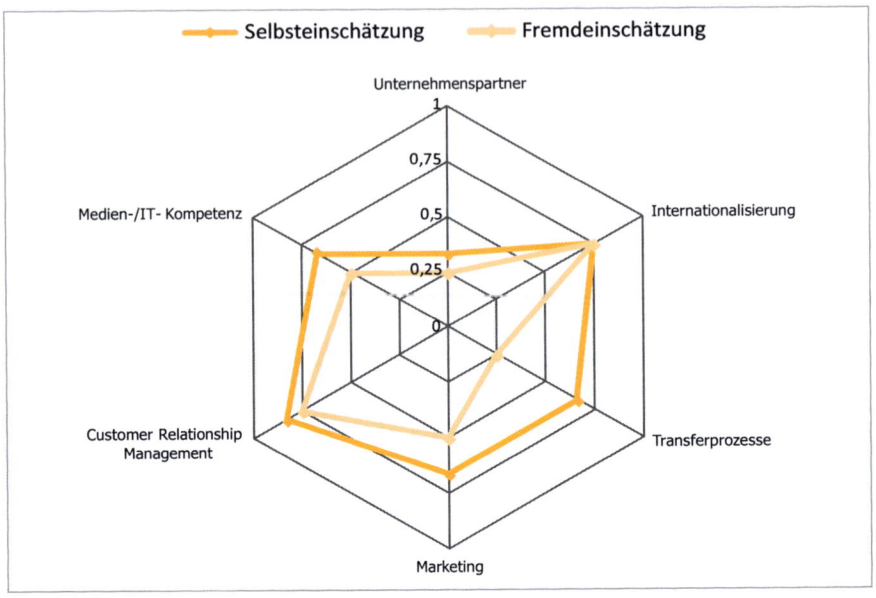

Abbildung 30: Selbst- und Fremdeinschätzung Unternehmen XY: Kompetenzebene Kommunizieren. Quelle: Eigene Darstellung.

Die vierte Kompetenzebene Kommunizieren zeigt eine leichte, aber konstante Abweichung der beiden Einschätzungen, wobei die Selbsteinschätzung des Unternehmens durchweg positiver ist als die Fremdeinschätzung des Beraters. Eine größere Abweichung weist die Unterdimension Transferprozesse auf, die vom Berater deutlich negativer (0,25) als vom Unternehmen selbst eingeschätzt wird (0,67). Die positive Selbsteinschätzung der Unterdimension Internationalisierung wird hingegen vollständig durch die Fremdeinschätzung bestätigt.

7.3.4 Zusammenfassung der Ergebnisse für das Unternehmen XY

Das Unternehmen XY zeigt als ein Unternehmen aus dem Bereich Maschinenbau mit mehr als 100 Mitarbeitern sehr ausgeglichene Kompetenzen auf mittlerem Niveau. Das arithmetische Mittel der Selbsteinschätzung über alle Kompetenzdimensionen hinweg beträgt dabei 0,57, das der Fremdeinschätzung 0,61

Punkte. Erhöhten Kompetenzen in den Bereichen Produkte und Markt stehen vergleichsweise schwach ausgeprägte Kompetenzen im Bereich Personal gegenüber. Dabei scheinen die Defizite in der Dimension Personal von dem fremdeinschätzenden Berater nicht wahrgenommen worden zu sein. Hier könnten interne Barrieren vor allem im Bereich Personalentwicklung vorliegen, die dem Berater zunächst verborgen geblieben sind, so dass hier eine genauere Betrachtung folgen sollte. Auch schätzt das Unternehmen seine Kompetenzen in den Dimensionen Netzwerk, Markt und Produkt selbst merklich höher ein als der Berater. Hier sollte in einer detaillierteren Analyse geprüft werden, ob das Unternehmen eine realistische Wahrnehmung seiner Außenkommunikation sowie seiner Produktqualitäten hat.

Auch sollten die für ein Unternehmen dieser Branche und Größe überraschend geringen Einschätzungen auf der Kompetenzebene Wissen, und insbesondere in der Dimension der Wissensressourcen, in einer weiterführenden Analyse noch einmal im Detail betrachtet werden. An diesem Punkt würden sich folglich aus der Analyse Handlungs- und Umsetzungsempfehlungen zur gezielten Weiterentwicklung der Kompetenzen im Bereich Wissen ableiten lassen. Insgesamt lässt sich feststellen, dass das untersuchte Unternehmen XY in Bezug auf seine Leistungs- und Wettbewerbsfähigkeit gut aufgestellt ist, es aber in nahezu allen Kompetenzdimensionen Spielräume besitzt, seine Kompetenzen weiter auszubauen.

7.3.5 Rückschlüsse auf die Validität des Steinbeis Unternehmens-Kompetenzchecks

Abschließend sollen die Ergebnisse der vorliegenden Fallstudie aus der aggregierten Perspektive aller acht untersuchten Fälle betrachtet werden, insbesondere in Hinblick auf die Übereinstimmung von Selbst- und Fremdeinschätzung und damit auch der übergreifenden Aussagekraft des Checks. Hierzu soll in Bezug auf die durchgeführte Fallstudie zunächst die Abweichung von Selbst- und Fremdeinschätzung betrachtet werden.

Diese beträgt in der Aggregation im Durchschnitt 0,14 Punkte auf der gewählten „Kompetenzskala" (0 bis 1) und somit etwa eine halbe Kompetenzstufe (0,25). Damit kann für diese geringe Anzahl von Fällen (n = 8) nachgewiesen werden, dass Selbst- und Fremdeinschätzung auch in der Aggregation weitestgehend übereinstimmen. Die Streuung der Abweichungen von Selbst- und Fremdeinschätzung reicht unter den einzelnen untersuchten Unternehmens-Fällen von 0,08 (Minimum) bis 0,21 Punkten (Maximum). Aufgeschlüsselt nach einzelnen Kompetenzdimensionen ergibt sich die höchste durchschnittliche Abweichung über alle Fälle hinweg bei der Dimension Personal mit 0,17 Punkten, die geringste bei der Dimension Strategie mit 0,1 Punkten. Abbildung 31 zeigt die aggregierten durchschnittlichen Abweichungen der Fremdeinschätzungen vom arithmetischen Mittelwert der Selbsteinschätzungen. Dargestellt ist lediglich der *Abstand* der Abweichungen vom Mittelwert der Selbsteinschätzung, nicht allerdings die Richtung, i. e. ob der Mittelwert in der Aggregation über- oder unterschritten wird.

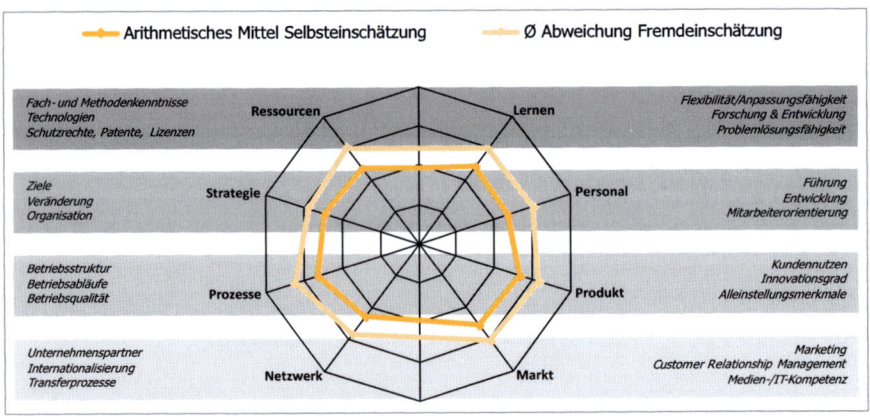

Abbildung 31: Abweichung der Fremdeinschätzung vom Mittelwert der Selbsteinschätzung. Quelle: Eigene Darstellung.

Abbildung 32 zeigt hingegen die beiden aggregierten arithmetischen Mittelwerte von Selbst- und Fremdeinschätzung. Dies illustriert die durchschnittliche Ausprägung der aggregierten Antworten in den jeweiligen Kompetenzdimensionen. Im Durchschnitt ergibt sich bei der Selbsteinschätzung ein Wert von

0,62, bei der Fremdeinschätzung von 0,64 Punkten. Beide Werte bewegen sich also im Bereich einer leicht positiven qualitativen Einschätzung, zwischen einer durchschnittlichen (o = 0,5) und einer positiven Bewertung (+ = 0,75). Während die Übereinstimmung auf den Dimensionen Ressourcen, Lernen, Strategie, Prozesse, Netzwerk und Markt fast vollständig ist, ist die Fremdeinschätzung in der Dimension Personal im Durchschnitt 0,09 Punkte positiver als die Selbsteinschätzung. Bei der Dimension Markt ist hingegen die Selbsteinschätzung im Durchschnitt mit 0,06 Punkten positiver als die Fremdeinschätzung.

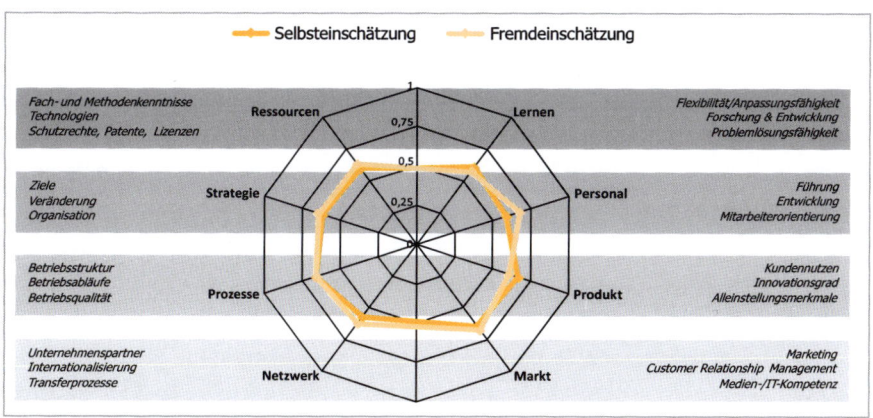

Abbildung 32: Aggregation Selbst- und Fremdeinschätzung: Mittelwerte.
Quelle: Eigene Darstellung.

Mit der hiermit vorgenommenen Triangulation von Selbst- und Fremdeinschätzung lässt sich die Subjektivität der von den Testpersonen abgegebenen qualitativen Einschätzungen methodisch „kontrollieren" und analytisch einordnen. Auch werden präzisere Aussagen zur grundlegenden Übereinstimmung der Untersuchungsergebnisse mit dem Untersuchungsgegenstand (Unternehmenskompetenzen) möglich. Für den hier betrachteten Steinbeis Unternehmens-Kompetenzcheck unterstreichen beide Übersichten (Streuung, Mittelwerte) die weitgehende Übereinstimmung von Selbst- und Fremdeinschätzung im Rahmen der durchgeführten Studie mit acht Unternehmen. Dies gibt erste Hinweise auf die hohe analytische Leistungsfähigkeit des Checks und die Validität der resultierenden Ergebnisse, sowohl in Bezug auf die Einzelfälle, als auch in ihrer Aggregation.

Da es sich um ein qualitatives Instrument handelt, kann es dabei allerdings nicht um eine Bestimmung der Validität im quantitativ-statistischen Sinne gehen, sondern um eine Validität, die dem verwendeten qualitativen Design entspricht. Diese leitet sich aus der sorgsamen Auswahl der Fälle (Unternehmen), der Untersuchungseinheiten (Kompetenzebenen und -dimensionen), der Indikatoren sowie der angewandten Methoden zur Datenerhebung und Auswertung ab, die es ermöglichen, empirische Ergebnisse zu erhalten, die möglichst nah an den Untersuchungsgegenstand (Unternehmenskompetenzen) herankommen (Ortiz 2013: 132f.; Lamnek 2010: 134ff.; Flick 2009: 429ff.; Mayer 2008: 55f.).

Auch eine *Generalisierung* der Untersuchungsergebnisse über die untersuchten Fälle hinaus, die insbesondere mit der späteren Master-Check-Stufe durchgeführt werden soll, muss das spezifische qualitative Design des Checks berücksichtigen. Während im Bereich der quantitativen Untersuchungen eine Generalisierung über Formen statistischer Repräsentativität erreicht wird, bei der das Typische dem Generellen zugeordnet wird (Lamnek 2010: 166f.), resultiert eine Generalisierung im Rahmen der qualitativen Analyse aus der Ableitung des Generellen aus dem Typischen. Hierzu ist es sowohl möglich und angemessen, sich auf die Untersuchung weniger, aber typischer und geeigneter Fälle nach theoretisch-systematisch fundierten Auswahlstrategien zu konzentrieren, als auch im Anschluss an die Untersuchung spezifische Typologien (Idealtypen etc.) zu bilden (Lamnek 2010: 166f.; Flick 2009: 522ff.; Przyborski/Wohlrab-Sahr 2009: 311ff.). Im Ergebnis führt dies zu einer Typenbildung im Sinne von *Repräsentation,* die von einer Repräsentativität im statistischen Sinne zu unterscheiden ist (Lamnek 2010: 167). Insbesondere die vorgesehenen datenbankbasierten Benchmarkings und Branchenvergleiche sollen diesen methodischen Voraussetzungen Rechnung tragen.

Zusammenfassend lässt sich aus den Ergebnissen der beiden Pretests und der Fallstudie ableiten, dass es gelungen ist, mit dem Steinbeis Unternehmens-Kompetenzcheck ein Instrument zur Erfassung von Unternehmenskompetenzen zu entwickeln, das im Sinne des ganzheitlichen Ansatzes alle wesentlichen Ebenen und Dimensionen der Unternehmenskompetenz systematisch erfasst. Die hierzu gewählten Unterdimensionen sowie die zugehörigen Indikatoren haben sich dabei als geeignet erwiesen, den Untersuchungsgegenstand Unternehmenskompetenzen in Breite und Tiefe fundiert zu operationalisieren und zu erfassen. Dabei ist hat sich das Instrument als einfach in der Anwendung und zugleich differenziert in der Analyse erwiesen. Mit der Funktion der automatisierten Auswertung ist es gelungen, in allen betrachteten Fällen umgehend und ohne weiteren Aufwand ein individuelles und passgenaues Profil der Unternehmenskompetenz des untersuchten Unternehmens zu erstellen, das dem Unternehmen selbst sowie dem Berater als Grundlage der weiteren Kompetenzentwicklung dienen kann.

Mit dem vorgenommenen Abgleich von Selbst- und Fremdeinschätzung konnte gezeigt werden, dass das Instrument ein hohes Maß an analytischer Validität aufweist. Auch wurde skizziert, welche vielfältigen weiteren analytischen Möglichkeiten die Anwendung des Checks ermöglicht. So wurde z. B. angedeutet, dass sich aus der dimensionsspezifischen Analyse der Abweichungen von Selbst- und Fremdeinschätzung, aber auch über die kausale Verknüpfung der Ausprägungen der einzelnen Ebenen, Dimensionen und Unterdimensionen Ursache-Wirkungs-Zusammenhänge ableiten lassen, die zur vertieften Analyse der Verteilung von Stärken und Schwächen im Kompetenzprofil verwendet werden können. Insbesondere die zu entwickelnde Master-Version des Checks soll verstärkt auf diese und weitere analytische Möglichkeiten zurückgreifen und als konsistenter Analyseprozess gestaltet werden.

8 Fazit und Ausblick: Konzeptentwicklung als transparenter und partizipativer Prozess

Die vorstehende Studie zeichnet den Projektablauf bei der Konzeption des Steinbeis Unternehmens-Kompetenzchecks nach. Ausgehend von der gestiegenen Bedeutung des Themas der Unternehmenskompetenzen in Betriebswirtschaftslehre, Management und Beratung wurde die Absicht erörtert, für die Berater des Steinbeis-Verbunds ein eigenes Instrument zur Erfassung und Analyse von Unternehmenskompetenzen zu entwickeln. Aus der Diskussion aktueller Debatten und Ansätze zu Unternehmenskompetenzen sowie aus der Gegenüberstellung bereits existierender Instrumente der Kompetenzmessung wurden zentrale Grundlagen einer solchen Konzeptentwicklung abgeleitet, die den Entwicklungsprozess wesentlich strukturiert haben. Hierzu zählen insbesondere der auf der *Organizational-Capabilities*-Perspektive basierende ganzheitliche Ansatz, die Entscheidung für eine qualitative Methodik, die Zweistufigkeit des Instruments mit dem Schnell- und dem Master-Check, der Einbezug von Selbst- und Fremdeinschätzung im Sinne einer 360°-Analyse, die Online-Basierung, die automatisierte Auswertung, die Anlage einer Datenbank, sowie die Möglichkeit von Benchmarkings und Branchenvergleichen.

Auch die inhaltliche Konzeptentwicklung ist im Einzelnen diskutiert worden, von der Weiterentwicklung des Business-Checks nach Bornholdt bis hin zum aktuellen Stand des Steinbeis Unternehmens-Kompetenzchecks. Mit den gewählten Kompetenzebenen, Dimensionen und Unterdimensionen ist es dabei gelungen, aktuelle Perspektiven und Ansätze der Betriebswirtschafts- und Managementlehre, sowie der Kompetenzforschung zu einem konsistenten und ganzheitlichen Konzept der Kompetenzerfassung zusammenzuführen.

Die Umsetzung dieses Konzeptes in ein qualitatives, fragebogenbasiertes Analyseinstrument, das einfach in der Anwendung, fundiert in den Inhalten und Methoden und praktikabel in der Beratungspraxis ist, war dabei von Beginn an Ziel der Projektarbeit. Die ersten, hier vorgestellten, empirischen Erfahrungen mit dem Check belegen, dass dieses Ziel bereits zu diesem frühen Entwicklungsstadium weitestgehend erreicht ist. Die beiden durchgeführten Pretest-Phasen mit Beratern und Unternehmen, sowie die hier vorgestellte Unternehmens-Fall-studie unterstreichen dabei nicht nur die methodische und technische Funkti-onsfähigkeit des Checks, sondern insbesondere auch seine konzeptionelle und analytische Leistungsfähigkeit.

Die Weiterentwicklung des derzeit vorliegenden Schnell-Checks zu einer Master-Check-Version wird daher auf diesen Ergebnissen und Erfahrungen aufbauen und diese konsequent weiterführen. Neben einer erhöhten Anzahl von Indika-toren sollen dabei insbesondere zusätzliche analytische Funktionen hinzukom-men, wobei auf den Aspekt datenbankbasierter Benchmarkings und Branchen-vergleiche bereits hingewiesen wurde. Darüber hinaus zählen hierzu zum einen umfassende 360°-Analysen unter Einbezug von Funktionsebenenvergleichen im Unternehmen sowie multiplen, aggregierten Selbst- und Fremdeinschätzungs-abgleichen. Zum anderen sollen neben den umfassenden Analyseergebnissen auch daraus abgeleitete Handlungs- und Umsetzungshinweise bereitgestellt werden. Hieraus sollen sich für die Steinbeis-Berater perspektivisch Möglichkei-ten eröffnen, weiterführende Beratungsaufträge im Bereich der Umsetzung zu generieren.

Dazu sollen die vorhandenen Instrumente, den Kunden, aber auch den Beratern einen einfachen und übersichtlichen Zugang zur „Steinbeis-Kompetenzwelt", also der Vielfalt der von den nahezu 1000 Steinbeis-Unternehmen angebotenen Dienstleistungen, bereitzustellen, erweitert werden. Kunde und Berater sollen hierdurch unmittelbar erkennen können, welcher Ansprechpartner für welches Thema im Verbund zur Verfügung steht. Auf der anderen Seite wird dabei auch zu prüfen sein, ob im Verbund derzeit bereits alle im Kompetenzcheck thema-tisierten Felder quantitativ und qualitativ ausreichend abgedeckt sind, um den Kunden in Zukunft aus dem Verbund heraus entsprechende Leistungen anbie-ten zu können. Hierauf wird perspektivisch bei der zukünftigen Zusammenstel-lung und Weiterentwicklung des Steinbeis-Dienstleistungs-Portfolios verstärkt zu achten sein.

Des Weiteren wird auch die Entwicklung eines Qualifizierungsprogramms für Steinbeis-Berater zur Anwendung des Unternehmens-Kompetenzchecks ein wesentliches Element der weiteren Projektarbeit sein. Hierbei muss es vor allem darum gehen, Berater im Themenfeld der Unternehmenskompetenzen zu schulen, sie in die Inhalte und Methoden des Kompetenzchecks einzuführen, die Anwendung des Checks einzuüben, sowie die aus dem Check abzuleitenden Umsetzungsprozesse zu entwickeln und zu strukturieren.

Schließlich ist es perspektivisch vorgesehen, den Check neben der Hauptzielgruppe der Steinbeis-Kunden im Bereich der kleinen- und mittelständischen Unternehmen auch in anderen Zielgruppen, wie z. B. Kliniken und Gesundheitseinrichtungen oder kommunalen und regionalen Verwaltungen und Energieversorgern anzuwenden. Da es sich bei dem Check um ein Instrument handelt, das sich von organisationalen Ansätzen *(Organizational Capabilities)* ableitet, lassen sich folglich auch andere Organisationsformen als Unternehmen damit untersuchen, auch wenn bei der Interpretation und Einordnung der Ergebnisse sowie bei deren Umsetzung spezifische Fachkenntnisse des jeweiligen Feldes erforderlich sein werden. Aus diesem Grund erscheint es sinnvoll, dass sich innerhalb des Steinbeis-Verbunds eigene *Gruppen* von Steinbeis-Beratern und weiteren Steinbeis-Unternehmen um diese Felder herum zusammenfinden, die gemeinsame Analyse- und Schulungspakete auf der Basis des Kompetenzchecks für ihre jeweiligen Felder definieren und entwickeln.

Dieser Ausblick verweist bereits auf die Notwendigkeit, den Kompetenzcheck nicht unter abgeschiedenen Laborbedingungen, sondern in einem offenen, transparenten, partizipativen und kollaborativen Prozess zu entwickeln und weiter voranzubringen. Dieses umfassende Projekt der Steinbeis Beratungszentren GmbH wird daher von Beginn an von intensiven Aktivitäten zur frühzeitigen Einbindung von internen und externen Partnern und Experten, potenziellen Anwendern (Berater und Unternehmer), sowie weiteren Interessenten begleitet. Die Entwicklung des Konzeptes ist dabei ganz bewusst im Sinne eines *offenen Labors* als transparenter und partizipativer Prozess gestaltet worden, an dem jeder Interessierte teilhaben kann, und auch weiterhin haben soll. Hierbei steht nicht zuletzt die Überlegung in Vordergrund, dass Produktentwicklungsprozesse in der Gegenwart grundsätzlich verstärkt auf die frühzeitige Einbindung von Anwendern und Kunden achten, und die fundierte Erfahrung der Experten aus der alltäglichen praktischen Anwendung beachten sollten.

In einer regelmäßig tagenden *Projekt-Gruppe,* der neben der Projektleitung und Mitarbeitern der Steinbeis-Zentrale auch externe Experten aus Wissenschaft und Praxis angehören, werden die wesentlichen strategischen und inhaltlichen Entscheidungen des Projektes, auch Fortführungsentscheidungen, abgestimmt. Darüber hinaus war es ein zentrales Anliegen der SBZ, von Beginn an potenzielle Anwender und Kunden aktiv in den Entwicklungsprozess mit einzubinden und das Konzept in mehreren Feedbackschleifen in der Praxis zu testen und weiter-zuentwickeln. Auf die beiden Pretest-Phasen mit Beratern und Unternehmen ist in diesem Zusammenhang bereits ausführlich eingegangen worden. Ein weite-rer wichtiger Meilenstein war u. a. ein Workshop mit Steinbeis-Beratern, in dem die bisherigen Projektschritte und der aktuelle Stand des Projektes vorgestellt und diskutiert wurden. Jeder Teilnehmer hatte hierbei die Möglichkeit, sich mit Anregungen, Ideen und Kritik aktiv in den Entwicklungsprozess einzubringen und daran mitzuwirken. Auch haben die Teilnehmer Gelegenheit erhalten, den Check in der Praxis zu testen und ihre diesbezüglichen Erfahrungen in den Ent-wicklungsprozess einfließen zu lassen.

Auch zu den weiteren hier skizzierten zukünftigen Projektschritten, insbeson-dere in Bezug auf die Entwicklung des Master-Checks, wurden mehrere Meilen-steine definiert. Wir möchten alle Leserinnen und Leser und insbesondere die Mitglieder des Steinbeis-Verbunds einladen, den weiteren Entwicklungsprozess im Rahmen weiterer *Consulting Groups* konstruktiv und kreativ zu begleiten, sich an den verschiedenen Meilensteinen des Projektes miteinzubringen und den Steinbeis Unternehmens-Kompetenzcheck mit uns gemeinsam erfolgreich weiterzuentwickeln und anzuwenden.

Literaturverzeichnis

Abramson, H. Norman, José Encarnaçao, Proctor P. Reid und Ulrich Schmoch (Hg.) (1997): Technology Transfer Systems in the United States and Germany. Lessons and Perspectives. Washington, D.C.: National Academy Press.

Al-Laham, Andreas (2003): Organisationales Wissensmanagement. München: Vahlen.

Alwert, Kai, Manfred Bornemann, Markus Will und Arbeitskreis Wissensbilanz c/o Fraunhofer-Institut IPK (2013): Wissensbilanz – Made in Germany. Leitfaden 2.0 zur Erstellung einer Wissensbilanz. http://www.bmwi.de/BMWi/Redaktion/PDF/W/wissensmanagement-fw2013-teil3,property=pdf,bereich=bmwi2012,sprache=de,rwb=true.pdf [letzter Zugriff: 26.05.2014].

Ambrosini, Véronique und Cliff Bowman (2009): What Are Dynamic Capabilities and Are They a Useful Construct in Strategic Management? In: International Journal of Management Reviews 11 (1): 29–50.

Auer, Michael (2007): Transferunternehmertum. Erfolgreiche Organisation des Technologietransfers. Stuttgart: Steinbeis-Edition.

Augier, Mie und D. J. Teece (2009): Dynamic Capabilities and the Role of Managers in Business Strategy and Economic Performance. In: Organization Science 20 (2): 410–421.

Augier, Mie und D. J. Teece (2007): Dynamic Capabilities and Multinational Enterprise: Penrosean Insights and Omissions. In: Management International Review 47 (2): 175–192.

Austerschulte, Linda (2014): Entwicklung einer Vorgehensweise zur Erstellung eines Messinstruments für einzelne Dynamic Capabilities. Wiesbaden: Springer Gabler.

Bamberger, Ingolf und Thomas Wrona (2012): Strategische Unternehmensführung – Strategien, Systeme, Methoden, Prozesse. München: Franz Vahlen GmbH.

Barney, Jay B. (1991): Firm Resources and Sustained Competitive Advantage. In: Journal of Management 17 (1): 99–120.

Barney, Jay B. (2007): Gaining and Sustaining Competitive Advantage. Upper Saddle River, NJ: Pearson, Prentice Hall.

Becker, Jörg, Martin Kugeler und Michael Rosemann (2012): Prozessmanagement. Ein Leitfaden zur prozessorientierten Organisationsgestaltung. Berlin, Heidelberg: Springer Gabler.

Bornholdt, Werner (2004): Business Check. Unternehmen und Innovationen beurteilen, profilieren, überwachen. Wiesbaden: Gabler.

Bozeman, Barry (2000): Technology Transfer and Public Policy. A Review of Research and Theory. In: Research Policy 29: 627–655.

Brockhoff, Klaus (1995): Forschung und Entwicklung. München: Oldenbourg.

Bretz, Hartmut (1988): Unternehmertum und fortschrittsfähige Organisation: Wege zu einer betriebswirtschaftlichen Avantgarde. München: Kirsch.

Bruhn, Manfred (2009): Marketingübungen. Basiswissen, Aufgaben, Lösungen. Wiesbaden: Gabler Verlag.

Bundesministerium für Wirtschaft und Energie (BMWI) (2014): http://www.bmwi.de/DE/Themen/Mittelstand/innovationen.html [letzter Zugriff: 26.05.2014].

Bundesministerium für Wirtschaft und Energie (BMWI) (2014): Kompetenzzentrum Fachkräftesicherung. http://www.kompetenzzentrum-fachkraeftesicherung.de/service/thema-des-monats/januar-2014-personalfuehrung/ [letzter Zugriff: 26.05.2014].

Bundesministerium für Wirtschaft und Technologie (2008): akwissensbilanz. http://www.akwissensbilanz.org/Infoservice/Infomaterial/BMWI_Wissenbrosch08.pdf [letzter Zugriff: 26.05.2014].

Carlsson, Bo und Gunnar Eliasson (1994): The Nature and Importance of Economic Competence. In: Industrial and Corporate Change 3/3. 687–711.

Cohen, Wesley M. und Daniel A. Levinthal (1990): Absorptive Capacity: A New Perspective on Learning and Innovation. In: Administrative Science Quarterly 35: 128–152.

Collins, Jamie D. und Michael A. Hitt (2006): Leveraging tacit knowledge in alliances: The importance of using relational capabilities to build and leverage relational capital. In: Journal of Engineering and Technology Management 23 (3): 147–167.

Competenzia (2014): http://www.competenzia.de/index.php?option=com_content&task= view&id=33&Itemid=62 [letzter Zugriff: 26.05.2014].

Conner, Kathleen (1991): A historical comparison of resource-based theory and five schools of thought within industrial organization economics: Do we have a new theory of the firm? In: Journal of Management 17: 121–154.

Cooke, Philip (1998): Introduction. Origins of the Concept. In: Braczyk, Hans-Joachim, Philip Cooke and Martin Heidenreich (Hg.): Regional Innovation Systems. London: UCL-Press: 2–25.

Cooke, Philip (2001): Knowledge economies, clusters, learning and cooperative advantage. Routledge Studies in International Business and the World Economy. London / New York: Routledge.

Cooke, Philip, Carla de Laurentis, Franz Tödtling und Michael Trippl (2007): Regional Knowledge Economies. Markets, Clusters and Innovation. Cheltenham, Northampton: Edward Elgar Publishing.

Cosh, Andy, Xiaolan Fu und Alan Hughes (2012): Organisation structure and innovation performance in different environments. In: Small Bus Econ 39: 301–317.

Dillerup, Ralf und Roman Stoi (2013): Unternehmensführung. München: Vahlen.

Dillerup, Ralf und Roman Stoi (2011): Unternehmensführung. München: Vahlen.

Disselcamp, Martin (2012): Innovationsmanagement. Instrumente und Methoden zur Umsetzung im Unternehmen. Wiesbaden: Springer Gabler.

Döring, Thomas und Jan Schnellenbach (2006): What Do We Know about Geographical Knowledge Spillovers and Regional Growth? A Survey of the Literature. In: Regional Studies 40 (3): 375–395.

Drucker, Peter F. (1998): Die Praxis des Managements. Düsseldorf: Econ Verlag.

Eisenhardt, Kathleen und Jeffrey Martin (2000): Dynamic Capabilities: What Are They? In: Strategic Management Journal 21 (10–11): 1105–1122.

Erpenbeck, John (2013): Was „sind" Kompetenzen? In Werner. G. Faix, John Erpenbeck und Michael Auer: Bildung.Kompetenzen.Werte. Stuttgart: Steinbeis-Edition: 297–353.

Erpenbeck, John (2007): KODE® – Kompetenz-Diagnostik und -Entwicklung. In Erpenbeck, John und Lutz von Rosenstiel (Hg.): Handbuch Kompetenzmessung – Erkennen und verstehen und bewerten von Kompetenzen in der betrieblichen, pädagogischen und psychologischen Praxis. Stuttgart: Schäffer-Poeschel: 489–503.

Erpenbeck, John (2004): Dimensionen moderner Kompetenzmessverfahren. In: Hasebrook, Joachim, Olaf Zawacki-Richter und John Erpenbeck (Hg.): Kompetenzkapital. Verbindungen zwischen Kompetenzbilanzen und Humankapital. Frankfurt / Main: Bankakademie-Verlag: 51–74.

Erpenbeck, John und Lutz von Rosenstiel (2007a): Einführung. In: Lutz von Rosenstiel und John Erpenbeck: Handbuch Kompetenzmessung – Erkennen, verstehen und bewerten von Kompetenzen in der betrieblichen, pädagogischen und psychologischen Praxis. Stuttgart: Schäffer-Poeschel: XVII-XLVI.

Erpenbeck, John und Lutz von Rosenstiel (2007b): Handbuch Kompetenzmessung. Stuttgart: Schäffer-Poeschel.

Facilitating, School of (2014): Sechs Grundsätze für eine mitarbeiterorientierte Führung. http://school-of-facilitating.de/aktuelles/sechs-grundsaetze-fuer-eine-mitarbeiterorientierte-fuehrung [letzter Zugriff: 26.05.2014].

Feldman, Martha (2003): A performative perspective on stability and change in organizational routines. In: Industrial and Corporate Change 12 (4): 727–752.

Feldmann, Sebastian, Steffen Gackstatter, Alexia Spieler und Juliane Stephan (2013): Innovation – Deutsche Wege zum Erfolg. http://www.pwc.de/de/consulting/innovationsfaehigkeit-entscheidet-ueber-unternehmenserfolg.jhtml [letzter Zugriff: 26.05.2014].

Fiedler, Rudolf (2010): Organisation kompakt. München: Oldenbourg.

Flato, Erhard und Silke Reinbold-Scheible (2006): Personalentwicklung. Mitarbeiter qualifizieren, motivieren und fördern. Toolbox für die Praxis. Landsberg am Lech: mi Fachverlag Redline GmbH.

Flick, Uwe (2011): Triangulation: Eine Einführung, 3., aktual. Aufl. Wiesbaden: VS.

Flick, Uwe (2009): Qualitative Sozialforschung. Eine Einführung. Vollständig überarbeitete und erweiterte. Neuausgabe. Reinbek: Rowohlt-Taschenbuch-Verlag.

Flick, Uwe (2007): Qualitative Sozialforschung: Eine Einführung. Vollständig überarbeitete und erweiterte Neuausgabe. Reinbek: Rowohlt.

Franzoni, Chiara und Francesco Lissoni (2009): Academic Entrepreneurs. Critical Issues and Lessons for Europe. In: Varga, Attila (Hg.): Universities, Knowledge Transfer and Regional Development. Geography, Entrepreneurship and Policy. Cheltenham, Northampton: Edward Elgar: 163–190.

Freiling, Jörg (2004): A Competence-based Theory of the Firm. In: Management-Revue 15 (1): 27–52.

Freiling, Jörg, Martin Gersch und Christian Goeke (2008): On the Path towards a Competence-based Theory of the Firm. In: Organization Studies 29 (8): 1143–1164.

Gelmi, Thomas (2013): http://www.huffingtonpost.de/thomas-gelmi/fuehrungskompetenz-und-un_b_4444250.html [letzter Zugriff: 26.05.2014].

Gläser, Jochen und Grit Laudel (2009): Experteninterviews und Qualitative Inhaltsanalyse. 3., überarbeitete Auflage. Wiesbaden: VS.

Glick, William H., George P. Huber, C. Chet Miller, D. Harold Doty und Kathleen M. Sutcliffe (1990): Studying Changes in Organizational Design and Effectiveness: Retrospective Event Histories and Periodic Assessments. In: Organization Studies 1 (3): 293–312.

Godin, Benoît (2006): The Knowledge-Based Economy: Conceptual Framework or Buzzword? In: Journal of Technology Transfer 31: 17–30.

Grant, Robert (1996): Prospering in Dynamically-competitive Environments: Organizational Capability. In: Organization Studies 7 (4): 375–387.

Grewal, Rajdeep und Rebecca Slotegraaf (2007): Embeddedness of Organizational Capabilities. In Decision Sciences 38 (3): 451–488.

Gutmann, Joachim und Ina Klose (2005): Personalentwicklung. Planegg: Rudolf Haufe.

Hardwig, Thomas, Manfred Bergtsermann und Klaus North (2011): Wachstum Lernen. Wiesbaden: Gabler.

Hauschildt, Jürgen und Sören Salomo (2011): Innovationsmanagement. München: Vahlen.

Heidenreich, Martin (2011): Regionale Netzwerke. In: Johannes Weyer (Hg.): Soziale Netzwerke. München: Oldenbourg: 167–188.

Heidenreich, Martin (2003): Die Debatte um die Wissensgesellschaft. In: Böschen, Stefan und Ingo Schulz-Schaeffer (Hg.): Wissenschaft in der Wissensgesellschaft. Opladen: Westdeutscher Verlag: 25–51.

Heidenreich, Martin (2002): Merkmale der Wissensgesellschaft. In: Bund-Länder-Kommission für Bildungsplanung und Forschungsförderung u. a. (Hg.): Lernen in der Wissensgesellschaft. Innsbruck u. a.: Studienverlag: 334–363. URL: http://www.sozialstruktur.uni-oldenburg.de/dokumente/blk.pdf [letzter Zugriff: 26.05.2014].

Heidenreich, Martin und Knut Koschatzky (2011): Regional Innovation Governance. In: Cooke, Philip et al. (Hg.): Handbook of Regional Innovation and Growth. Nothampton: Edward Elgar: 534–546.

Heise, Wolfgang (2009): Das kleine 1x1 der Organisationslehre. Lulu.com.

Helfat, Constance und Peteraf, Margaret (2009): Understanding Dynamic Capabilities: Progress Along a Developmental Path. In: Strategic Organization 7 (1): 91–102.

Heyse, Volker (2007): KODE®X-Kompetenz-Explorer. In: Erpenbeck, John und Lutz von Rosenstiel: Handbuch Kompetenzmessung – Erkennen, verstehen und bewerten von Kompetenzen in der betrieblichen pädagogischen und psychologischen Praxis: Stuttgart: Schäffer-Poeschel: 504–514.

Heyse, Volker, John Erpenbeck und Horst Max (Hg.) (2004): Kompetenzen erkennen, bilanzieren und entwickeln. Münster: Waxmann.

Holzbauer, Ulrich (2007): Entwicklungsmanagement. Mit hervorragenden Produkten zum Markterfolg. Berlin, Heidelberg: Springer.

Hungenberg, Harald und Torsten Wulf (2011): Grundlagen der Unternehmensführung-Einführung für Bachelorstudiengänge. Berlin, Heidelberg: Springer.

Hunt, Shelby (2000): A general theory of competition: Resources, competences, productivity, economic growth. Thousand Oaks: Sage.

Kale, Prashnant, Harbir Singh und Howard Perlmutter (2000): Learning and Protection of Proprietary Assets in Strategic Alliances: Building Relational Capital. In: Strategic Management Journal 21: 217–237.

Kaplan, Robert S. und David P. Norton (1992): The Balanced Scorecard – Measures that Drive Performance. In: Harvard Business Review (Januar–Februar): 71–79.

Kleinschmidt, Elko, Horst Geschka und Robert Cooper (1996): Erfolgsfaktor Markt. Kundenorientierte Produktinnovation. Berlin, Heidelberg: Springer.

Kobi, Jean-Marcel (2012): Personalrisikomanagement. Wiesbaden: Springer Gabler.

Koschatzky, Knut (2001): Räumliche Aspekte im Innovationsprozess. Ein Beitrag zur neuen Wirtschaftsgeographie aus Sicht der regionalen Innovationsforschung. Münster: LIT.

Koschatzky, Knut und Joachim Hemer (2009): Firm Formation and Economic Development. What Drives Academic Spin-offs to Success or Failure? In: Varga, Attila (Hg.): Universities, Knowledge Transfer and Regional Development. Geography, Entrepreneurship and Policy. Cheltenham, Northampton: Edward Elgar: 191–218.

Kotter, John P. (2012): Die Kraft der zwei Systeme. http://www.harvardbusinessmanager.de/heft/artikel/a-866850.html [letzter Zugriff: 26.05.2014].

Kühl, Stefan, Petra Strodtholz und Andreas Taffertshofer (Hg.) (2009): Handbuch Methoden der Organisationsforschung. Quantitative und Qualitative Methoden. Wiesbaden: VS.

Lamnek, Siegfried (2010): Qualitative Sozialforschung. Lehrbuch. 5. Überarbeitete Auflage. Weinheim, Basel: Beltz.

Lamnek, Siegfried (1995): Qualitative Sozialforschung. Band 1. Methodologie. 3. korrigierte Auflage. Weinheim: Beltz: PsychologieVerlagsUnion.

Lauer, Thomas (2010): Change Management. Grundlagen und Herausforderungen. Berlin, Heidelberg: Springer Verlag.

Liebold, Renate und Rainer Trinczek (2002): Experteninterview. In: Kühl, Stefan und Petra Strodtholz (Hg.): Methoden der Organisationsforschung – Ein Handbuch. Reinbek bei Hamburg: Rowohlt Taschenbuch Verlag: 33–71.

Macharzina, Klaus und Joachim Wolf (2008): Unternehmensführung. Wiesbaden: Gabler Verlag.

Malerba, Franco (2004): Sectoral Systems of Innovation. Basic Concepts. In: Franco Malerba (Hg.): Sectoral Systems of Innovation. Concepts, Issues and Analyses of Six Major Sectors in Europe. Cambridge: Cambridge University Press: 9–41.

Manager Magazin (2006): Von http://www.manager-magazin.de/unternehmen/karriere/a-447030.html [letzter Zugriff: 26.05.2014].

Mangler, Wolf-Dieter (2010): Praxisorientierte Organisation. Aufbauorganisation. Norderstedt: Books on Demand GmbH.

March, James G. (1991): Exploration and Exploitation in Organizational Learning. In: Organization Science 2 (1): 71–87.

Maskell, Peter und Anders Malmberg (1999): Localised Learning and Industrial Competitiveness. In: Cambridge Journal of Economics 23: 167–185.

Maslow, Abraham (1943): A Theory of Human Motivation. In: Psychological Review 50 (4): 370–396.

Mayer, Horst Otto (2008): Interview und schriftliche Befragung: Entwickung, Durchführung und Auswertung. 4., überarb. u. erw. Aufl. München / Wien: Oldenbourg.

Meffert, Heribert, Christoph Burmann und Manfred Kirchgeorg (2012): Marketing. Wiesbaden: Gabler.

Meffert, Heribert, Christoph Burmann und Manfred Kirchgeorg (2008): Marketing. Grundlagen marktorientierter Unternehmensführung. Wiesbaden: Gabler.

Merk, Michael (2008): Warum manche Manager Erfolg haben und andere immer erfolglos bleiben. Strategien zur individuellen Motivation. Erfolgsoffensive durch soziales Management. Norderstedt: Books on Demand.

Mertins, Kai und Markus Will (2009): Benchmarking des intellektuellen Kapitals. In: Wissensmanagement 11 (5): 18–19.

Meynhardt, Timo (2007): Zur Verbindung zwischen unternehmerischer Kernkompetenz und individueller Kompetenz: Zusammen denken, getrennt analysieren, gemeinsam entwickeln. In: Barthel, Erich, John Erpenbeck, Joachim Hasebrook und Olaf Zawacki-Richter (Hg.): Kompetenzkapital heute: Wege zum Integrierten Kompetenzmanagement. Frankfurt / Main: Frankfurt School Verlag: 293–326.

Mintzberg, Henry (1980): The Nature of Managerial Work. Prentice-Hall.

Musch, August A. (2002): Business Check mit dem Steinbeis-Kompetenzstern. Unternehmen und Innovationen beurteilen, coachen, überwachen. Stuttgart: Steinbeis-Stiftung für Wirtschaftsförderung.

Nagel, Kurt und Matthias Allgeyer (2011): Unternehmens-Vital-Check. Sternenfels: Wissenschaft & Praxis.

Nelson, Richard R. (2000): Recent Evolutionary Theorizing About Economic Change. In: Ortmann, Günther, Jörg Sydow und Klaus Türk(Hg.): Theorien der Organisation – Die Rückkehr der Gesellschaft, 2., durchgesehene Auflage. Wiesbaden: Westdeutscher Verlag: 81–123.

Nelson, Richard R. und Sidney Winter (1982): An Evolutionary Theory of Economic Change. Cambridge, Massachusetts / London: The Belknap Press of Harvard Univerity Press.

Nickerson, Jack A. und Todd R. Zenger (2004): A Knowledge-Based Theory of the Firm—The Problem-Solving Perspective. Organization Science 15 (6): 617–632.

Nonaka, Ikojiro und Hirotaka Takeuchi (1997): Die Organisation des Wissens. Wie japanische Unternehmen eine brachliegende Ressource nutzbar machen. Frankfurt / Main, New York: Campus.

North, Klaus, Kai Reinhardt und Barbara Sieber-Suter (2013): Kompetenzmanagement in der Praxis. Mitarbeiterkompetenzen systematisch identifizieren, nutzen und entwickeln. Wiesbaden: Springer.

North, Klaus (2011): Wissensorientierte Unternehmensführung. 5. Auflage. Wiesbaden: Gabler.

Offensive Mittelstand – Gut für Deutschland. (2012a): http://www.offensive-mittelstand.de/html/mittelstand/download/leitfaden-mittelstand.pdf [letzter Zugriff: 26.05.2014].

Offensive Mittelstand – Gut für Deutschland. (2012b): http://www.offensive-mittelstand.de/html/mittelstand/download/check-mittelstand.pdf [letzter Zugriff: 26.05.2014].

Offensive Mittelstand – Gut für Deutschland. (2014c): http://www.inqa-unter-nehmenscheck.de/check/daten/mittelstand/auswahl2.htm [letzter Zugriff: 26.05.2014].

Orlikowski, Wanda J. (1992): The Duality of Technology: Rethinking the Concept of Technology in Organizations. In: Organization Science 3 (3): 398–427.

Ortiz, André (2013): Kooperation zwischen Unternehmen und Universitäten. Eine Managementperspektive zu regionalen Innovationssystemen. Wiesba-den: Springer Gabler.

Ortiz, Michael (2014): Wie kompetent ist Ihr Unternehmen? Der Steinbeis Unternehmens-Kompetenzcheck. In: Transfer. Zeitschrift für den konkreten Wissens- und Technologietransfer 01/2014: 16–17. Stuttgart.

Ortiz, Michael (2013): Varieties of Innovation Systems – The Governance of Knowledge Transfer in Europe. Frankfurt/Main, New York: Campus.

Pautzke, Gunnar: Die Evolution der organisationalen Wissensbasis. München: Herrsching.

Peteraf, Margaret A. (1993): The Cornerstones of Competitive Advantage: A Resource-Based View. In: Strategic Management Journal 14 (3). 179–191.

Pisano, Gary P. (2002): In Search of Dynamic Capabilities: The Origins of R&D Competence in Biopharmaceuticals. In: Giovanni Dosi, Richard R. Nelson und Sidney G. Winter (Hg.): The Nature and Dynamics of Organizational Capabilities. New York: Oxford University Press: 129–153.

Polanyi, Michael (1985): Implizites Wissen. Frankfurt/Main: Suhrkamp.

Polt, Wolfgang, Martin Berger, Patries Boekholt, Katrin Cremers, Jürgen Egeln, Helmut Gassler, Reinhold Hofer und Christian Rammer (2010): Das deut-sche Forschungs- und Innovationssystem. Ein internationaler Systemver-gleich zur Rolle von Wissenschaft, Interaktionen und Governance für die technologische Leistungsfähigkeit. Studien zum deutschen Innovationssys-tem Nr. 11–2010. Berlin: EFI.

Prahalad, C. K. und Gary Hamel (1990): The Core Competence of the Corporation. In: Harvard Business Review 68 (3): 79–91.

Probst, Gilbert, Steffen Raub und Kai Romhardt (2012): Wissen managen. Wie Unternehmen ihre wertvollste Ressource optimal nutzen. Wiesbaden: Springer Gabler.

Przyborski, Aglaja und Monika Wohlrab-Sahr (2009): Qualitative Sozialforschung. Ein Arbeitsbuch. München: Oldenbourg.

Ragin, Charles C. (2007): Qualitative Comparative Analysis Using Fuzzy Sets (fsQCA). In: Rihoux, Benoit and Charles Ragin (Hg.): Configurationa Comparative Analysis. Thousand Oaks / London: Sage.

Ragin, Charles C. (2000): Fuzzy-Set Social Science. Chicago: University of Chicago Press.

Ragin, Charles C. (1987): The Comparative Method. Moving Beyond Qualitative and Quantitative Strategies. Berkeley: University of California Press.

Romme, Georges L., Maurizio Zollo und Peter Berendsy (2010): Dynamic capabilities, deliberate learning and environmental dynamism: A simulation model. In: Industrial and Corporate Change 19 (4): 1271–1299.

Rothlauf, Jürgen (2010): Total Quality Management in Theorie und Praxis. München: Oldenbourg Wissenschaftsverlag.

Sanchez, Ron (2004): Understanding Competence-based Management – Identifying and Managing Five Modes of Competence. In: Journal of Business Research 57 (5): 518–532.

Schimank, Uwe (2002): Organisationen: Akteurkonstellationen – korporative Akteure – Sozialsysteme. In: Allmendinger, Jutta und Thomas Hinz (Hg.): Soziologie der Organisation. Sonderheft der Kölner Zeitschrift für Soziologie und Sozialpsychologie.

Schneider, Carsten Q. und Claudius Wagemann (2007): Qualitative Comparative Analysis and Fuzzi Sets. Ein Lehrbuch für Anwender und jene, die es werden wollen. Opladen, Farmington Hills: Budrich.

Schreyögg, Georg und Martina Kliesch-Eberl (2007): How Dynamic can Organizational Capabilities be? Towards a Dual-process Model of Capability Dynamization. In: Strategic Management Journal 28 (9): 913–934.

Sommerlatte, Tom (2007): Management von Spitzenleistung. Düsseldorf: Symposion Publishing.

Sorge, Arndt und Arjen van Witteloostuijn (2004): The (Non)sense of Organizational Change: An Essai about Universal Management Hypes, Sick Consultancy Metaphors, and Healthy Organization Theories. In: Organization Studies 25 (7): 1205–1231.

Stähle, Wolfgang (2009): Management. München: Vahlen.

Steinle, Claus, Bernd Eggers und Friedel Ahlers (2008): Change Management. Wandlungsprozesse erfolgreich planen und umsetzen. München, Mering: Rainer Hampp.

Strodtholz, Petra und Stefan Kühl (2002): Qualitative Methoden der Organisationsforschung—Ein Überblick. In: Kühl, Stefan und Petra Strodtholz (Hg.): Methoden der Organisationsforschung. Ein Handbuch. Reinbek bei Hamburg: Rowohlt Taschenbuch Verlag: 11–29.

Stummer, Christian, Markus Günther und Anna-Maria (2010): Grundzüge des Innovations- und Technologiemanagements. Wien: Facultas.

SurveyMonkey (2014): User Manual 2014. http://help.surveymonkey.com/servlet/servlet.FileDownload?file=01530000002g4i7AAA [letzter Zugriff: 26.05.14]

Teece, D.J. (2007): Explicating Dynamic Capabilities: The Nature and Microfoundations of (Sustainable) Enterprise Performance. In: Strategic Management Journal 28 (13): 1319–1350.

Teece, D. J. und Gary P. Pisano (1994): The Dynamic Capabilities of Firms: an Introduction. In: Industrial and Corporate Change 3 (3): 537–556.

Teece, D. J., Gary P. Pisano und Amy Shuen (1997): Dynamic Capabilities and Strategic Management. In: Strategic Management Journal 18 (7): 509–533.

Thiele, Michael (1997): Kernkompetenzorientierte Unternehmensstrukturen. Wiesbaden: Deutscher Universitäts-Verlag.

Thommen, Jean-Paul und Ann-Kristin Achleitner (2012): Allgemeine Betriebswirtschaftslehre. Umfassende Einführung aus managementorientierter Sicht. 7. Auflage. Wiesbaden: Gabler.

Tomczak, Torsten, Sven Reinecke und Sabine Reinecke (2009): Kundenpotentiale ausschöpfen. Gestaltungsansätze für Kundenbindung in verschiedenen Geschäftstypen. In: Hinterhuber, Hans und Kurt Matzler (Hg.): Kundenorientierte Unternehmensführung. Kundenorientierung – Kundenzufriedenheit – Kundenbindung. Wiesbaden: Gabler: 107–132.

Vahs, Dietmar und Jan Schäfer-Kunz (2012): Einführung in die Betriebswirtschaftslehre. 6. Auflage. Stuttgart: Schäffer-Poeschel.

Walter, Achim (2003): Technologietransfer zwischen Wissenschaft und Wirtschaft. Voraussetzungen für den Erfolg. Wiesbaden: Deutscher Universitäts-Verlag.

Weibler, Jürgen (2012): Personalführung. München: Vahlen.

Wernerfelt, Birger (1995): The Resource-Based View of the Firm: Ten Years After. In: Strategic Management Journal 16 (3): 171–174.

Wernerfelt, Birger (1984): A Resource-Based View of the Firm. In: Strategic Management Journal 5 (2): 171–180.

Weyer, Johannes (2011): Zum Stand der Netzwerkforschung in den Sozialwissenschaften. In: Weyer, Johannes (Hg.): Soziale Netzwerke: Konzepte und Methoden der sozialwissenschaftlichen Netzwerkforschung. München: Oldenbourg: 39–69.

Winter, Sidney G. (2003): Understanding Dynamic Capabilities. In: Strategic Management Journal 24 (10): 991–996.

Wissensbilanz (2014): http://www.wissensbilanz-schnelltest.de/akwb/schnell-test-starten/ [letzter Zugriff: 26.05.2014].

Wittke, Volker, Martin Heidenreich, Jannika Mattes, Heidemarie Hanekop, Patrick Feuerstein und Thomas Jackwerth (2012): Kollaborative Innovationen. Die innerbetriebliche Nutzung externer Wissensbestände in vernetzten Entwicklungsprozessen. Oldenburg, Göttingen: Oldenburger Studien zur Europäisierung und zur transnationalen Regulierung Nr. 22/2012.

Wöhe, Günter und Ulrich Döring (2010): Einführung in die Allgemeine Betriebswirtschaftslehre. 24. Auflage. München: Vahlen.

Wöhe, Günter und Ulrich Döring (2013): Einführung in die allgemeine Betriebswirtschaftslehre. 25. Auflage. München: Vahlen.

Steinbeis

Steinbeis ist weltweit im unternehmerischen Wissens- und Technologietransfer aktiv. Zum Steinbeis-Verbund gehören derzeit rund 1.000 Unternehmen. Das Dienstleistungsportfolio der fachlich spezialisierten Steinbeis-Unternehmen im Verbund umfasst Forschung und Entwicklung, Beratung und Expertisen sowie Aus- und Weiterbildung für alle Management- und Technologiefelder. Ihren Sitz haben die Steinbeis-Unternehmen überwiegend an Forschungseinrichtungen, insbesondere Hochschulen, die originäre Wissensquellen für Steinbeis darstellen. Rund 6.000 Experten tragen zum praxisnahen Transfer zwischen Wissenschaft und Wirtschaft bei.

Dach des Steinbeis-Verbundes ist die 1971 ins Leben gerufene Steinbeis-Stiftung, die ihren Sitz in Stuttgart hat.

Forschung und Entwicklung

Innovationen sichern Unternehmen einen Vorsprung im globalen Wettbewerb. Unser Steinbeis-Verbund führt Forschungs- und Entwicklungsprojekte kunden- und transferorientiert durch. Mit unserem aktuellen Fachwissen stiften wir so ökonomischen Nutzen für unsere Kunden.

Beratung und Expertisen

Kompetente Beratung ist die Basis für erfolgreiche Umsetzung. Mit unserem flächendeckenden Expertennetzwerk sind wir Ansprechpartner sowohl für Kleinunternehmen, als auch für mittelständische und große Unternehmen. Unser Portfolio reicht von Kurzberatungen bis zu umfassenden Unternehmens- und Projektberatungen zu Problemstellungen entlang der gesamten Wertschöpfungskette.

Aus- und Weiterbildung

Lebenslanges Lernen ist heute ein zentraler Wettbewerbsfaktor, für Mitarbeiter in Großkonzernen wie für Einzelunternehmer. Überzeugende und fundierte Kompetenz setzt voraus, dass der Einzelne sein Wissen aktuell hält und situativ erfolgreich anwendet. Dabei unterstützt ihn der Steinbeis-Verbund: Wir stellen Wissen und Methoden praxisnah in Aus- und Weiterbildung zur Verfügung, um Kompetenzen erfolgreich entwickeln zu können.

Steinbeis-Tag

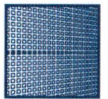 Einmal im Jahr lädt Steinbeis Kunden, Partner und die interessierte Öffentlichkeit zum Steinbeis-Tag ins Stuttgarter Haus der Wirtschaft. In einer Fachausstellung geben an diesem Tag Zentren aus dem Verbund Einblick in ihre Projektarbeit, stellen neue Entwicklungen vor und stehen für Gespräche zur Verfügung. Kurzvorträge am Nachmittag vertiefen für das interessierte Fachpublikum einzelne Fragestellungen.

www.steinbeis-tag.de

Steinbeis Consulting Forum

 Das Steinbeis Consulting Forum ist das Forum für Unternehmensberatung und Wirtschaftsförderung des Steinbeis-Verbunds. Es vernetzt gezielt Experten aus allen Beratungsbereichen und Entscheider aus privaten und öffentlichen Unternehmen, um aktuelle Managementthemen zu diskutieren sowie Trends aufzuzeigen. Consulting ist ein Prozess, der Partner, Kunden und einen konkreten Wert umfasst und dessen Basis ein konkreter Lösungsweg und/oder eine Lösung ist. Ein Mehrwert liegt in der erfolgreichen Vernetzung aller (potenziell) Beteiligten.

Die Steinbeis Consulting Tage sind die Veranstaltungen, auf denen aktuelle Themen im zweijährigen Turnus unter wechselnden Schwerpunkten diskutiert werden. Die Steinbeis Consulting Studien greifen diese Themen auf und bieten Lösungen an. Sie werden vom Steinbeis Consulting Forum herausgegeben.

Zertifizierte Seminare ergänzen das Angebot des Steinbeis Consulting Forums. Sie vermitteln umfassenden Einblick in aktuelle Beratungsthemen.

Das Steinbeis Consulting Forum wird inhaltlich von einer Gruppe von Steinbeis-Experten getragen.

www.steinbeis-consulting-forum.de

Steinbeis Engineering Forum

 Das Steinbeis Engineering Forum ist das Forum für transferorientierte Forschung und Entwicklung im Steinbeis-Verbund. Es vernetzt die am Produktentstehungsprozess Beteiligten, um aktuelle Fragestellungen eines erfolgreichen Engineerings zu diskutieren und Perspektiven aufzuzeigen. Denn ein erfolgreicher Produktentstehungsprozess, dessen Produktverständnis auch Dienstleistungen umfassen kann, ist ein wesentliches Kriterium für erfolgreiche Unternehmen.

Der im zweijährigen Turnus stattfindende Steinbeis Engineering Tag beleuchtet diese Thematik transferorientiert und praxisbezogen unter wechselnden Schwerpunkten im Hinblick auf Product, Process und Project Engineering. Die Kriterien eines erfolgreichen, transferorientierten Wissenschafts- und Forschungsmanagements diskutiert das im Wechsel mit dem Steinbeis Engineering Tag stattfindende Max Syrbe-Symposium.

Die Steinbeis Engineering Studien zeigen Problemstellungen in der Praxis auf und bieten Lösungen an. Sie werden vom Steinbeis Engineering Forum herausgegeben, das inhaltlich von einer Gruppe von Steinbeis-Experten getragen wird.

Zertifizierte Seminare ergänzen das Angebot des Steinbeis Engineering Forums. Sie vermitteln umfassenden Einblick in aktuelle Engineeringthemen.

www.steinbeis-engineering-forum.de

Steinbeis Competence Forum

 Das Steinbeis Competence Forum ist das Forum für Aus- und Weiterbildung im Steinbeis-Verbund. Es stellt die Plattform für aktuelle Fragestellungen der Kompetenzentwicklung und des Kompetenzmanagements dar als ein wesentliches Element einer erfolgreichen Aus- und Weiterbildung. Wissen ist eine notwendige Voraussetzung, selbstorganisiertes, situatives Umsetzen des Wissens (also Kompetenz) eine hinreichende für Erfolg – sowohl persönlichen, als auch unternehmensbezogenen.

Die Steinbeis Competence Tage sind die zentralen Steinbeis Veranstaltungen, die diese Thematik unter jährlich wechselnden Schwerpunkten diskutieren. Die Steinbeis Competence Studien sollen dem Aufzeigen aktueller Situationen und erfolgversprechender Zukunftsperspektiven dienen. Sie werden regelmäßig durchgeführt und vom Steinbeis Competence Forum herausgegeben.

Zertifizierte Seminare ergänzen das Angebot des Steinbeis Competence Forums. Sie vermitteln umfassenden Einblick in aktuelle Kompetenzthemen.

Das Steinbeis Competence Forum wird inhaltlich von einer Gruppe von Steinbeis-Experten getragen.

www.steinbeis-competence-forum.de

Weitere Informationen über den Verbund finden Sie auf:

www.steinbeis.de